# うさほん

うさぎのほんねがわかる本

マンガ 倉田けい × 監修 今泉忠明

西東社

# プロローグ

まった〜り
カッ
え？
シュンッ
バッ
ビュン
カッ
カカッ
カッ
おお…
ビョョン
バビュン
→参戦
今日も元気だねぇ
突然のハッスル…
うさぎっておとなしいイメージあったけど、すごくアクティブだよね
怒ると足ダンするし
ダンッ
ブッブッて文句言ったり…
ブッ
ブッ
ゴメン
うんうん

足ダンは怒りではないんですよ
ザアッ
誰!?
どっから出てきた!?
↑牧草
動物学者の今泉忠明です
はっはっはかわいいねえ
知ってる！
うさぎの本音が知りたいですか？
もちろん！
臆病なはずなのに強気なところもあったり…
急にスイッチ切れたり…
バタン
いろいろふしぎでたまりません！
OKです
うさぎの世界をぐぐっと深堀りしましょう！
うさぎだけに！
ホリ
ホリ
ホリ
ホリ
ホリ
わーいお願いしま～す！

# 登場人物&うさぎ紹介

## ソウスケ

マコの夫。うさぎと接するのは初めてで、そのふしぎさに驚く日々。一眼レフでうさぎを撮るのにハマっている。

## マコ

きなこ&だいふくの飼い主。子どものころハムスターや小鳥を飼っていたがうさぎを飼うのは初めて。昔からピーターラビットが好き。

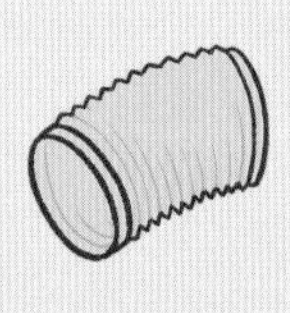

## きなこ

ネザーランド・ドワーフ(♀・1歳・フォーン)。お嬢様気質で気が強い。得意技は足ダン。

## だいふく

ネザーランド・ドワーフ(♂・2歳・ブルー)。おっとりした性格。同居のきなこが大好きで毛づくろいしてあげるのが日課。

**メグ**
マコのうさ友。ひとり暮らし。溺愛するマロンくんに振り回され気味。

**マロン**
ホーランド・ロップ（♂・1歳・ブロークンオレンジ）。愛らしい見た目だがなかなかやんちゃ。

**マフ夫人**
うさぎカフェ「Mofumimi」の看板娘。立派なマフマフがチャームポイント。

**ウチダ**
マコやメグが通ううさぎカフェ「Mofumimi」のオーナー。大のうさぎ好きで知識豊富。

## 1章 そのかわいさにはワケがある

## 2章 ふしぎがいっぱい、うさぎさん

## 3章 うさぎ様の言うことはゼッタイ



## 4章 うさぎだっていろいろあるのさ

## 5章 キミの幸せがボクの幸せ

# 1章

# そのかわいさにはワケがある

# 01 うさぎの毛づくろいはなぜあんなにかわいいの？

ああっ
もちょ
もちょ
あれは…
**ティモテ**
スチャッ

かわいい…
こ、この…首の角度たまらん
ヒュン
パシャ
こんなにしっかりティモテ撮れるなんてラッキー
ヒュン
パシャ
パシャ

え？ティモテって何!?
なんかかわいいやつ？
ビビッ
かわいいアンテナ
え!?

**ティモテは…ティモテだよ!!**
ティモテ～♪
ほんとに何!?
どういうこと!?

うさぎは1日のうち何度も毛づくろいします。毛づくろいは体の汚れや寄生虫を取って清潔を保つだけでなく、体温調節や気持ちを落ち着かせる効果もある大切な作業。うさぎと同じ被捕食動物であるラットは起きている時間の40%を毛づくろいに費やすそうですから、うさぎも同じくらい毛づくろいに時間を割いていると考えてよいでしょう。

**毛づくろいの手順は決まっています。**まずは前足を舌でペロリ。それから口元をこすります。唾液には洗浄成分があり、直接なめられない場所は唾液をつけた前足でこするのです。顔を洗ったあとは耳。頭を傾けて耳を両前足ではさみ、まるでロングヘアをとかすようになでつけます。耳が汚れていると聴覚にも影響しますから毛づくろいは入念です。その後は脇腹に移り、後ろ足をなめ、最後にしっぽで終了。**犬や猫とちがってうさぎは両前足を同時に使って毛づくろいをします。**それがなんともいえないかわいさを生んでいるのでしょうね。

うさぎのほんね

**人間みたいに両方の前足を同時に使って毛づくろいするから。犬や猫にはできないしぐさだね**

# 02 あちこちにあごをこすりつけるのはなんで？

うさぎのほんね

**あご下にある分泌腺をこすりつけて自分のにおいをつけている。「ココは自分のモノ」というマーキングだよ**

その個体特有の分泌物を出す場所が、うさぎには3か所あります。あご下、肛門の横、後ろ脚のつけ根。このうちモノにこすりつけるのはあご下で、英語ではこの行動を「Chinning（チニング）」と呼びます。分泌物のにおいは人間には嗅ぎ取れませんが、うさぎどうしでは「ココはあいつにマーキングされてるな」とわかります。

これを多く行うのはオス。オスはメスよりなわばり意識が強く、メスの3倍の頻度で行います。なわばり内にあるモノだけでなく、与えられたおやつやパートナーのメスにあごをこすりつけてマーキングすることもあります。ペットのうさぎが飼い主さんにあごをこすりつけるのも愛情表現と所有欲の表れでしょう。

ちなみにあご下の分泌物の成分はうさぎ間の優劣で変わるそう。優位な個体には「2-フェノキシエタノール」という物質が現れます。これは香水の固定剤としても使用される成分で、うさぎの場合もマーキングのにおいを長く続かせる効果があるよう。強い個体はにおいも強いのですね。

おやつ

# 03 うさぎのしっぽは何かの役に立ってるの？

かわいい…

やはりかわいすぎるぞ
うさぎのしっぽ…!!

じっ…

モグモグ

もちもちの体にちょこんとついてるもちもち

もちもち
もちもち

振り回してもやはりちょこんとしてるもちもち…

フリッ フリッ

しかしこんな短いしっぽ何かの役に立つのかな？
猫はバランスとるのに使うっていうけど…

ピーン

もしかして…

ハッ

後ろ姿のかわいさで敵をひるませる作戦…!?

きゅるんっ

見よ！この愛らしいしっぽ!!

うぅっ…カワイイ～ッ!!

モグモグ

うさぎのほんね

**捕食者から逃げるのに役に立っているという説がある。しっぽの白い部分が目くらましの効果をもたらすんだ**

うさぎのしっぽは何かの役に立つのか？　いままでさまざまな仮説が立てられましたが、2013年にドイツの生物学者が発表した新説がこの討論に決着をつけるかもしれません。

新説の内容は下記のとおり。うさぎが捕食者から走って逃げるとき、しっぽの下側の白い毛の部分が現れます。後ろを追う捕食者から見れば、一番目立つのはその白い部分。うさぎが跳びはねるたびチラチラと見え隠れするその白い部分を、敵は自然と目印にして追っていきます。しかし、**その目印が一瞬見えなくなるときがあります**。うさぎが逃げる方向を変えたときです。敵は混乱し追う足が乱れ、遅れをとります。結果、うさぎが逃げのびる確率が上がるというもの。

この説に基づきシミュレーション用テレビゲームも作られました。全身保護色のうさぎとしっぽだけが白いうさぎ、どちらが捕まえるのが難しいか比べると、やはり後者が捕まえにくいという結果に。鹿もうさぎと似たしっぽをもっており、**しっぽの白さは捕食される側の生存戦略**と考えられます。

# 04 眠ったと思ったらすぐ目を覚ますのはどうして？

うさぎのほんね

# 睡眠と覚醒を小刻みにくり返すのがうさぎのスタイル。ぐっすり眠ったら敵に襲われちゃうもん

野生ではうさぎはいつなんどき敵に襲われるかわからないため、つねに警戒を怠りません。それは睡眠中も同じこと。長時間、深く眠りこけることはありません。そんなことをしたら寝ているあいだに捕まって一巻の終わりです。

ですから小刻みに睡眠と覚醒をくり返すのがうさぎのスタイル。1日を通してちょこちょこと寝起きをくり返しますが、昼間のほうが睡眠時間多め。野生なら昼間は巣穴にもぐっておとなしくしている時間だからです。1日のトータル睡眠時間は8時間前後と人間とさほど変わりませんが、夜間にまとまった睡眠をとる人間とは大ちがいですね。

仲間といっしょにいるなら睡眠と覚醒のサイクルをずらせばより安心です。そう、交代で見張りをするのです。もし仲間が異変に気づいたら足ダンして知らせてくれます。馬も熟睡するときは体を横たえますが、そのときそばには群れの仲間が立って見てくれています。被捕食動物は睡眠をとるにも仲間どうしの協力が欠かせないんですね。

パチッ!

# 05 魅惑のうさまんじゅう、なぜこんなかたちになる？

きなこ〜♡
かわいいねぇ なでなで〜
あら… いい撫で…
とろん。。
ああ〜っ
まんまる〜ッ!!
うさまんじゅう
発現…!!
短い脚とはいえ こんなにきれいに 収納して…
!?
長いときは めちゃくちゃ 長くなるのに
同じ生物とは 思えない柔軟さ！
なんか…
うさぎって ピザ生地みたい
みょ〜ん
こね
こね
マコはとても おなかが 空いていた
ぐぅ〜

うさぎのほんね

## 地中生活を送るため狭いトンネルを通りやすいフォルムになった。長すぎる耳や脚は邪魔なんだ

ペットのうさぎの祖先は、地中の巣穴をねぐらにするアナウサギという種。そのため狭いトンネルを通りやすい体のつくりをしています。長い耳も後ろに倒せばぺったんこ、正面から見ると丸い形に見えるのは巣穴生活に適した体だからです。

うさぎといえば長い耳ですが、じつはアナウサギの耳や脚はノウサギと比べると短いという特徴があります。体長に対する耳の長さがノウサギは最大25％あるのに対し、アナウサギは14％以下。地上のみで生活するノウサギは耳や脚が長いほど音をキャッチしたり速く走ったりと有利に働きますが、地中でも生活するアナウサギの場合、長すぎると邪魔なのでしょう。穴を掘るにも前脚が長すぎると不便。モグラを思い浮かべてみてください。前脚は短く、耳介（じかい）はありませんよね。

かくして、うさぎは丸っこいフォルムになったというわけ。ずんぐりむっくりの愛らしい姿は、独自の生活スタイルによるものだったのです。

にてる…

# 06 私の足元をぐるぐる走り回るのはどういう意味？

うさぎのオスはメスに求愛するとき、メスのまわりをぐるぐる走り回ります。「好き」の気持ちが抑えられないという感じでかわいいですよね。ペットのうさぎは飼い主さんに対しても行いますし、メスが行うことも。遊びの催促の場合もあります。

うさぎのほんね

## 好きな相手に対する愛情表現だよ

# 07 歯をコリコリ鳴らすのは気持ちがいいとき？

うさぎは上の前歯の裏側に下の前歯を当てて削りますが、これはリラックスしているときの行動。つまり気持ちいいときに歯のケアをするようです。ただし痛みや不安で歯を鳴らすことも。自らリラックス状態に導こうとしているのかもしれません。

うさぎのほんね

**気持ちいいときも辛いときも歯を鳴らすんだ**

# 08 前足をブルブル振るしぐさはいったい何？

うさぎのほんね

# 野生では前足に土がついちゃうから毛づくろいの前にはブルブル振って土を振り払う習性があるんだ

P.11で毛づくろいの手順は決まっていると述べましたが、じつは多くのうさぎが毛づくろいの前に前足を振るしぐさを見せます。これは前足についた土や汚れを振り払うしぐさ。地中にもぐる生活をしている野生のうさぎは、どうしても足や体に土埃（つちぼこり）がついてしまいます。汚れた前足で顔を洗ってしまわないよう、振り払ってから毛づくろいを始めるのですね。室内で暮らしているペットのうさぎにはもちろん土埃はつきませんが、野生での習性が色濃く残っているのです。

それにしても、振った前足がブレて見えるほど速いのには驚きます。動物は体が小さくなるほど脈拍も呼吸も、そして動きも速くなる傾向があります。小動物はチョコマカ、ゾウなど大きな動物はゆったり動く印象がありますが、これは印象だけでなく事実。例えば頭を振って体についた水を飛ばすとき、ヒグマは1秒間に頭を4回転させますがマウスは30回転。うさぎが人間の目に止まらないほど速い動きをするのは、小動物ならではなのです。

# 09 後ろ足だけで立って キョロキョロ見回すのは？

後ろ足だけで立ってキョロキョロ辺りを見回す行動、通称「うたっち」は、周囲の異変を探るしぐさです。野生のうさぎは草を食べているときも警戒を怠らず、何か異変を感じるとすぐ食事を中断して辺りを見回します。

おもしろいことに、この行動は近くに仲間が多くいるほど頻度が下がります。つまり「自分が食事を中断して注意しなくても、仲間が注意しているから大丈夫だろう」ということ。また、巣穴のそばで草を食べているときよりも、巣穴から離れた場所で食べているときのほうが頻度が上がります。巣穴のそばなら穴の中にすぐ逃げ込めますが、離れた場所からは長く走らないと逃げ切れないので、警戒心を強めるのですね。

野生ではおもに警戒のポーズとして見られる「うたっち」ですが、ペットのうさぎでは好奇心や興味の表れとしてもよく見られます。離れた場所にあるものをよく見ようとしたり、音を聴きとろうとするときこの姿勢をします。飼い主さんに甘えて近づこうとする「うたっち」はとくにかわいいものです。

うさぎのほんね

**周囲の異変を探るための行動。近くにいる仲間が多ければ多いほどこの行動の頻度は下がるよ**

きょろ
きょろ

# 10 狭いところに無理やり入ろうとするのはなぜ？

野生のアナウサギが暮らす地下の巣穴ではヒゲが触れるかどうかで通れるかどうかを測っているといわれます。しかし通れなければあきらめるわけではありません。掘れば道は拓けます。うさぎの生き方、なんだかかっこいいですね。

うさぎのほんね

**道は自分で拓く（ひら）もの。入れなければ掘ればいい！**

# 11 後ろ足を伸ばして寝ているのは？

足裏を地面に着けないのは、とてもリラックスしている証拠。警戒しているときはすぐに地面を蹴って逃げられるよう、足裏を地面に着けた姿勢で寝ます。そのため野生ではほとんど見られません。この寝姿を見られるのは飼い主の特権です。

うさぎのほんね

**ペットのうさぎならではの安心しきった寝姿だよ**

# 12 急にスイッチが入って走り出すのは何なの？

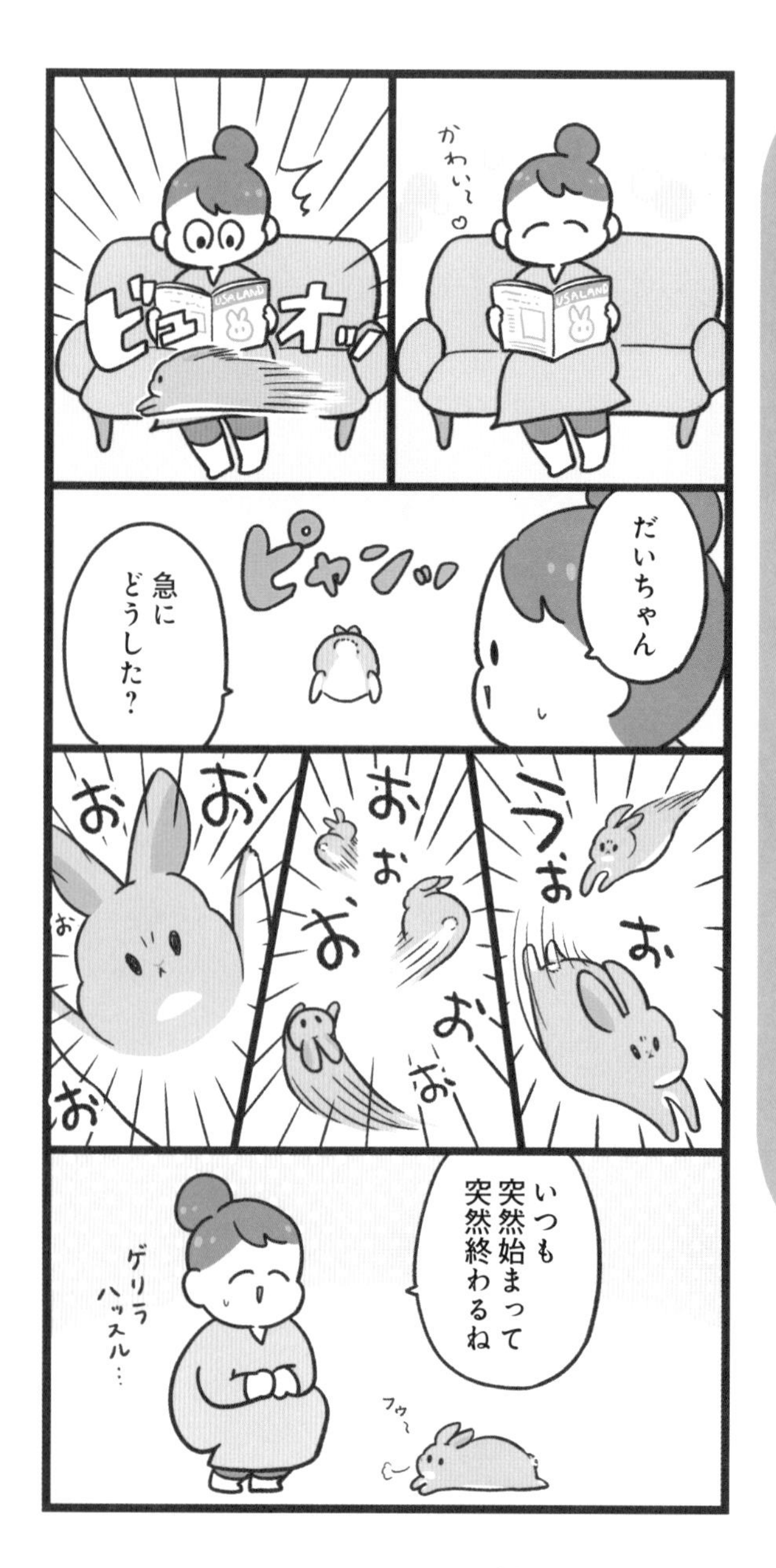

うさぎのほんね

**うさぎは「走って逃げる」戦略で生き残ってきた動物。ペットのうさぎもむしょうに走りたくなるときがある！**

うさぎは「走って逃げる」動物です。ペットのうさぎは敵から逃げる必要はありませんが、本能には強く刻み込まれています。ときどき猛ダッシュしたくなるのは野生のスイッチが入るせいでしょう。全身をフルに使って駆け回る姿は生きるエネルギーに満ち溢れています。

アナウサギの走るスピードは時速56㎞という記録があります。かのウサイン・ボルトの最高時速が約44㎞ですから、うさぎは人間より断然速いのですね。瞬発力にもすぐれており、短時間でトップスピードを出すこともできます。そうじゃなければ逃げ切れませんよね。

とはいえ、実際は捕食者をまくためジグザグに走りますし、持久力はないのでこのスピードは短時間しかもちません。疲れてスピードが落ちる前に捕食者をまくか、巣穴に飛び込んで難を逃れる必要があります。

ペットのうさぎの猛ダッシュも短時間でエネルギーを使い果たして終わります。

# 13 うさぎは自分の名前を覚えられる？

**うさぎは特定の音や合図を覚えられる**ことが実験でわかっています。実際、飼い主さんが根気よく教えたことで芸を覚えたうさぎもいます。フィンランドのターウィくんといううさぎは、飼い主さんのサインでハードルを飛び越える、ハイタッチをするなど30以上の芸ができるそう。これほど優秀でなくても、毎日連呼される自分の名前を覚える程度は楽勝でしょう。

さらに**一度トレーニングで覚えた合図は1年経っても忘れない**こともわかっています。うさぎの記憶力もまんざらではないのですね。一説ではうさぎの知能は人間の1歳児程度といわれます。標準的な1歳児は自分の名前に反応するものです。

ではなぜうちのうさぎは名前を呼んでも来ないのかという疑問が残るかもしれません。それはつまり、飼い主さんのそばに行っても特段よいことが起こらないと思っているから。大好きなおやつの袋の音などを聴かせたら、一目散に駆け寄ってくることまちがいなしです。

## うさぎのほんね

**もちろん自分の名前くらい覚えるよ。でも呼ばれて行くかどうかは そのときの気分しだいさ**

# 14 うさぎの頭にモノを乗せたくなります

うさぎの体は地下のトンネルを通りやすいつくり。頭頂部は平たいので安定してモノを乗せやすいようです。頭の上に何かが密着しているのは案外気持ちがいい状態なのか、嫌がらずに1分ほどじっとしてモノを乗せ続けるうさぎもいます。

うさぎのほんね

**トンネルを通り抜けやすい平たい頭頂部だから乗せやすいみたい**

# 15 しっぽを振るのは嬉しいとき？

うさぎは興奮するとしっぽの裏側の白い部分を見せてプルプルと左右に振ります。野生ではオスがメスに求愛したり、メスがオスの気持ちに応えるときにしっぽを振るそう。ただし警戒などの興奮でもしっぽを振るので嬉しいときとは限りません。

うさぎのほんね

**気持ちが高ぶるとしっぽが動いちゃう**

# 16 うさぎどうしが鼻をくっつけ合うのは挨拶？

うさぎは視力があまりよくありません。視界は広いのですがぼんやりとしか見えておらず、視力は0.05～0.1ほどといわれています。そのため相手が誰なのかを確認する手段は視覚より嗅覚が決め手。再会するたびに鼻をくっつけてにおいを嗅ぎ合い、「やっぱりキミだね」と確認をします。ときには仲の悪い相手なのにうっかり鼻をくっつけてしまい、「うわっ、まちがえた！」と慌てて逃げ出すこともあります。

鼻をくっつけたあと、相手のあご下に自分の頭をぐいっと押し込むことがありますが、これは「毛づくろいして」のサイン。ちょうど相手の口元に自分のおでこを当てる形で毛づくろいをせがみます。顔周りは自分で直接なめることのできない部分なので、ほかのうさぎに毛づくろいしてもらうと気持ちがいいのです。うさぎどうしがおでこを当てたままじっとしていることがありますが、もしかすると互いに毛づくろいをせがんでいるのかもしれません。

うさぎのほんね

**相手のにおいを嗅いで確かめるうさぎ流の挨拶。うさぎ以外の動物や人間の鼻にも同じようにするよ**

# 17 うさぎのしっぽを見ると癒やされる…



健康なうさぎはしっぽの白い部分がより白いという調査結果があります。たしかに不健康だと毛づくろいが不十分になりますし、下痢などをするとしっぽが汚れますよね。白いしっぽは「ボクは元気だよ！」というサインでもあるようです。

うさぎのほんね

**白く輝くしっぽは元気なうさぎの証拠だからかも？**

# 18 同じルートで走るのが好きなの？

野生でもうさぎは巣穴を中心に獣道を作りますし、さらには足を置く場所も前と同じところにするほど保守的。なぜなら一度歩いたことのある場所は安全という保障があるから。ペットのうさぎも気に入ったルートを回るのが好きなようです。

うさぎのほんね

**うさぎは保守的。慣れ親しんだ道を通るのが安心なんだ**

# 19 ニンジンはうさぎの大好物？

うさぎの体に適した主食は牧草。人間が栽培する栄養たっぷりの野菜や果実は野生では本来食べませんし、糖分や水分が多いため食べ過ぎると腸内細菌のバランスが崩れたり、下痢や肥満の原因に。おやつとして少量与えるに留めましょう。

うさぎのほんね

**おいしいけど食べ過ぎは注意だよ**

ワァッ

はい！ 牧草お待ちィ!!

うさぎには牧草なんだよね 意外だったよ

うさぎの主食はニンジンだと思ってた

なんかニンジンとセットのイメージがあって

？

それね、ピーターラビットの影響という説が有力らしいんだけど

実際にはピーターラビットが食べてるのは赤カブなんだって

これ→

ニンジンとばっちりじゃん

# 20 野草も与えていい？

タンポポやシロツメクサ（クローバー）、レンゲなどはうさぎに与えられる野草。よく洗って少量与えるぶんにはよいでしょう。ただし有毒な野草も多く、なかには与えてよい野草と似た姿のものも。見極めに自信がなければやめておきましょう。

うさぎのほんね

**食べていい野草とよくない野草があるよ**

# のキホンのキ 1

## 気持ちが表れているんです。

| うさぎの長い耳は気持ちのバロメーター。<br>複雑な気持ちのときは<br>左右の耳がちがった角度になります。 | **耳** |
| --- | --- |

**警戒・興味**

**耳がまっすぐ上を向きます**。全方位からの音をもっともキャッチしやすい位置です。

**恐怖・攻撃的**

ネガティブな集中をするときは**後方に向かって力みます**。痛みを感じているときも同様です。

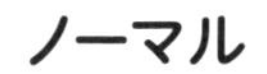

**ノーマル**

とくに警戒も緊張もしていないうさぎの耳は**力んでおらず、やや後方に向いている**のが自然です。

**好奇心**

気になる対象に向かって**前方に耳が傾きます**。

**リラックス・眠い**

**耳がぺたんと背中に着**きます。聞き耳を立てていない状況です。

# うさぎのほんね

## 表情がわかりにくいうさぎ。でも、耳や目や鼻に

警戒・興味

ノーマル

好奇心

### 垂れ耳のうさぎも耳が動きます

垂れ耳は耳介の軟骨が発達しないため耳が直立しません。しかし耳の筋肉はあるため水平くらいまで耳を持ち上げたり、前や後ろに傾けることはできる子が多いよう。もちろん片耳ずつ動かすこともできます。

### 耳をプルプル振るしぐさ

うさぎが頭を振ると耳もいっしょにプルプルと揺れます。これは気分を変えたいときや行動に区切りをつけたいときに行うしぐさ。続けて、あくびや体を伸ばすストレッチを行うことも多いです。人がうさぎをなでようとしたときにこのしぐさをしたら「放っておいて」という意味かも。ただし、何度もくり返し頭を振るのは耳にかゆみや違和感がある場合もあります。

## 目・鼻

緊張が高まるとまぶたを開き、リラックスすると閉じ気味に。鼻をヒクヒク動かす頻度も気持ちによって変わります。

緊張

リラックス

### 興奮・驚き

まぶたを大きく開き、ふだんは見えない白目が見えることもあります。**鼻のヒクヒクが激しく**なります。

### 平常心

不安も緊張も感じていないとき。まぶたを開いていても**白目は見えません**。鼻のヒクヒクの頻度が下がります。

### リラックス

まぶたが閉じ気味になり、**トロンとした表情**に。鼻のヒクヒクもゆっくりになります。

### 超リラックス

完全に安心すると**まぶたを閉じて眠ります**。鼻のヒクヒクが完全に止まります。

### その他

**瞬膜（しゅんまく）が出ている**

起きているのに瞬膜が出っぱなしなのは、極度の緊張や体調不良のサイン。病院の受診をおすすめします。

閉じる　まぶた　開く

# 2章

# ふしぎがいっぱい、うさぎさん

# 21 うさぎの耳が自由自在に動くのはなぜ?

## うさぎのほんね

# ほとんどの動物は耳を自由に動かすことができるよ。背後の音もこっそり聴きとれるんだ

うさぎの長い耳は立てたり伏せたり、片耳ずつ動かしたりと自由自在です。レーダーのようにぐるりと、最大270度回転させることもできます。この動きは10種類以上ある耳介筋（じかいきん）によるもの。人間の耳介筋は3種類しかなく、それも退化しているためほとんど耳を動かせません。じつは**耳を動かせない哺乳類は少数派で、人間を含む一部の霊長類だけ**。耳介がさほど大きくない霊長類は耳介筋があってもあまり役に立ちませんし、音源を探りたいときは首を動かしたほうが早いのです。

被捕食動物であるうさぎの場合、異変を感じたときに立ち上がったり、首を回すと動きが大きく目立ってしまいます。**耳だけ動かせば動きが小さく敵に気づかれにくい**というメリットがあります。

もちろんうさぎは聴覚もすぐれています。人間が聴きとれる高い音は最高でも20キロヘルツが限界ですが、**うさぎは49キロヘルツまで聴きとることが可能**。うさぎがじっと耳をそばだてているのは、人間が聴きとれない音を聴いているからかもしれません。

ぎゅるんっ

# 22 走るときに耳を立てるのはどういう理由？

ピッ

ピッ

やった〜！いい写真が撮れたぞ！

ほんとだ うさぎの走ってる姿ってやっぱりかっこいいなぁ

そういえば…うさぎって走ってるとき耳が立ってるんだね

こうじゃなくて

こう

後ろに流れてると思ってた 風の抵抗を受けないように

確かに…立ててる理由が何かあるのかな？

速く走ることが命の動物だから きっと何かあるんだろうなぁ

## うさぎのほんね

## 耳から熱を逃がすため！ うさぎは汗をかかないから、長い耳をラジエーター代わりにして放熱するんだ

うさぎの耳には音を聴くという役割のほかに、もうひとつ大切な役割があります。**体の熱を逃がすラジエーター（放熱器）の役割**です。うさぎは人間のように体の表面に汗をかいて体温を下げることができないため、熱を逃がす場所として耳介が発達したのです。

耳介の表面積が大きければ、逃がす熱も増えます。うさぎの耳介表面積は体全体の20〜25%あり、**体の熱の半分を耳から逃がすことができる**といわれています。ゾウの大きな耳も同じ。聴覚だけのためなら、あれほど大きくなる必要はありません。耳の内側に毛がなく、血管が透けて見えるほど薄いのも放熱のためです。走っているときは当然体温が上がりますから、熱がこもってバテないよう耳が立つのだと思われます。

また、野生のうさぎは敵から逃げるために走ることが多いですから、追ってくる敵の足音を聴き逃さないためにも聞き耳を立てることは重要。逃げる方角を決めるにも、敵がどの位置にいるか正確に把握することは大切でしょう。

# 23 うさぎは後ろも見えてるってホント？

うさぎのほんね

## そのとおり。目が顔の側面にあって351度の視界をもつよ。見えないのは真後ろの9度と口元だけ！

**うさぎの視界は351度あります。死角は真後ろの9度のみ。**草食動物であるうさぎは目が顔の側面についており、さらに眼球がやや出っ張っているため、上下左右を隈なく見ることができます。丸いレンズの防犯カメラがパノラマビューで広い範囲を映すのと同じです。また遠視（近くより遠くのほうがよく見える）でもあるので、広い視界のなかで、まだ遠くにいる捕食者の動きをいち早く見つけることができます。

死角は真後ろのみといいましたが、じつはもう1か所、小さな死角があります。それは自分の口元。マズル（鼻先の出っ張った部分）に隠れてどうしても見えない部分ができてしまいます。嗅覚とヒゲによる触覚でカバーしますが、目の前にある小さなおやつには気づかないことも。さらに**ロップイヤーは目のレンズの横に耳が垂れるため、後方の視界が遮られます。**立ち耳のうさぎよりも視界は狭いので、ロップイヤーに後方から接触すると驚かれるかもしれません。

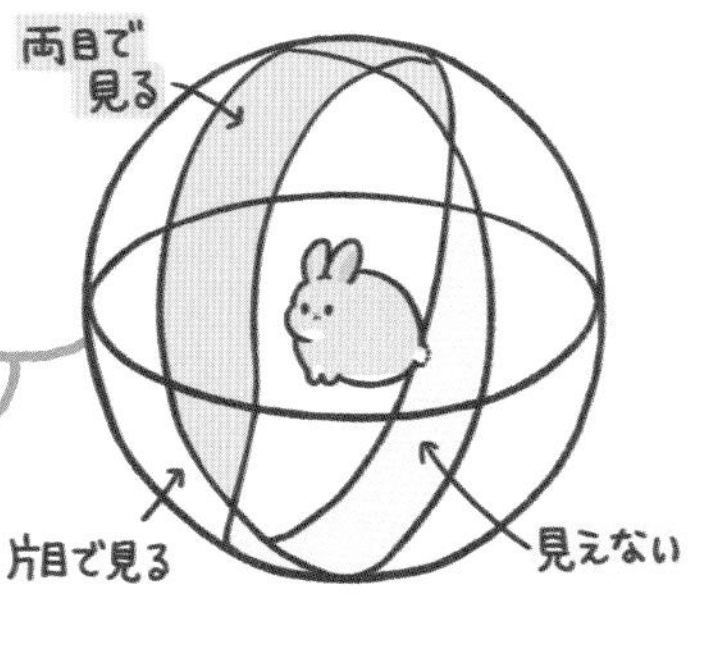

# 24 まばたきしなくて平気なの？

うさぎの数ある魅力のひとつ…

カッ

それは…

うるうるる〜ん

つぶらな瞳!!

もふもふの体にひときわ目立つ美しい宝石が2つ

パァァァァァ

覗き込むとそこは小宇宙

なんだか遠くに連れていかれてしまいそう…

ところで…

まばたきまったくしてないけど目、乾かないの？

見てるこっちがしぱしぱしてきちゃう

全然へーキ

## うさぎのほんね

**瞳の表面がうるおっているから
まばたきはときどきで大丈夫。それより
捕食者を見逃さないようにしなきゃ**

人間は1時間に約1200回まばたきをします。それに対してうさぎのまばたきは1時間に約12回。5分に1回するかしないかです。その秘密は人間には存在しないハーダー腺（副涙腺）。ハーダー腺が脂質を分泌し眼球をうるおしているため、まばたきが少なくて済むのです。まばたきが少ないことは、敵への警戒を怠らないことにつながるでしょう。

まばたきは視力のよい動物ほど多いという説もあります。人間はうさぎの10倍以上視力がよく、そのぶん視覚に頼る動物です。モノをよく見ようとするときパチパチとまばたきすることがありませんか？　それはまばたきにピント調節の機能があるから。人間でも赤ちゃんはまばたきが少ないことがわかっており、それは視力がまだ十分でないためといわれています。

　ちなみにうさぎがつぶらな瞳なのは、虹彩（眼球の色がある部分）が大きいから。人間の虹彩は眼球の1/6ほどなのにうさぎは1/4。白目がほとんど見えないのはそのせいです。

# 25 いつでも鼻をヒクヒクさせているのはなぜ？

## うさぎのほんね

# 鋭い嗅覚で情報を集めている。鼻をヒクヒク動かせば、より多くのにおいをキャッチできるんだ！

何かに注意しているときのうさぎは**1分間に120回以上鼻を動かしています。**これは周囲の情報をにおいから得るためです。

においは鼻腔の嗅覚受容体でキャッチします。うさぎはこの受容体が約1億個あるといわれています。人間は500万個ほどなので、**うさぎは人間の20倍も嗅覚が鋭い**のですね。うさぎは我々人間とは比べものにならない豊かな嗅覚の世界に生きているのです。

さらに、**人間には感じとれないフェロモンも鼻腔でキャッチ**できます。フェロモンを感知するのは嗅覚とは異なるルートで脳に届く「ヤコブソン器官」という感覚器。フェロモンの取り込み口（穴）が猫や馬では前歯の裏にあり、ぽかんと口を開けてにおいを取り込むことが知られています。しかしうさぎやげっ歯類のフェロモン取り込み口は鼻腔内。なぜ場所がちがうのかはわかりませんが、もしかするとうさぎやげっ歯類の場合、長い前歯がにおいを取り込むのに邪魔だからかも？

# 26 オシッコのしつけができるのはどうして？

ぴょんこ

きなこ？

ぴょんこ

あ

トイレか

よじ

よじ

トイレの場所覚えてくれてありがとね！

簡単ですよこのくらい

ぴょわ～

できればトイレの中にしてほしいけどね…

シーツ敷けばいっか

スッキリ

**うさぎのほんね**

**野生でもふつうのオシッコは決まった場所でするからトイレを使うようになる。でもマーキングのオシッコは別さ**

**うさぎは巣穴ではオシッコをしません。**巣穴は敵には絶対に知られたくない場所。オシッコのにおいで敵に嗅ぎつけられたら危険ですし、巣の中がじめじめして不衛生になってしまいます。ですから**ふつうのオシッコは地上の糞場（ふんば）と呼ばれる共同トイレでします。**

生まれたばかりの赤ちゃんうさぎは巣穴の中だけで過ごしますが、そのとき赤ちゃんの排泄物はすべて母うさぎがなめ取ります。少し歩けるようになったら、赤ちゃんでもオシッコするときは巣穴の外。排尿したらすぐ巣穴に戻ります。赤ちゃんうさぎでもオシッコは外なのですから、この習性がどれだけ強いかわかりますね。

ペットのうさぎもトイレを糞場と感じてくれたらそこでオシッコするようになります。しかし**野生でもマーキングのオシッコはなわばりの境界線などあちこちにします。**自分を主張するオシッコはまた別ということです。

# 27 うさぎの子育てってどんな感じなの？

もしもし
ユミ
久しぶり～

わ～～
赤ちゃん
かわいいいねぇ～～!!

かわいいけど
毎日大変でさ～

数時間おきに
授乳しなきゃ
だし

昼夜関係なく
泣くから
寝れないし…

24時間
休みなしで…

そうなん
だぁ…

今日ユミと
電話したん
だけどね…

あ、
お子さん生まれ
たんだよね

どう
だった？

うさぎの育児って
子うさぎを
巣穴に入れておいて
1日1回だけ
授乳しにいくんだって

来たよ！

わあい!!!

え？
うさぎ？

人間も
そっちの方向に
進化するのも
ありだったのでは…？

ああ…
ユミちゃん
育児大変
なのか…

マコのうさ飛躍に
慣れている

うさぎのほんね

# 赤ちゃんのいる巣穴の入り口を埋めて隠して1日1回だけ掘り起こして授乳。「別居保育」という変わった子育てだよ

アナウサギの子育ては独特です。母親は出産用の巣穴で子どもを産むと、巣穴から出て穴を埋め戻し子どもを隠します。そうして1日に1回、2～3分だけ授乳をしに行き、またすぐ埋め戻すをくり返します。これは「別居保育」と呼ばれます。

こうした子育て方法になったのは、うさぎが子どもを守るための苦肉の策のようです。うさぎは弱いため、捕食者に襲われたらわが子を守ることができません。目も見えず歩くこともできないか弱い子うさぎを守る術がないのです。だったら子どもが成長するまで隠しておこうという作戦にしたのでしょう。数頭の子どもをいっしょに土の中に閉じ込めておけば、互いに温まれるので体が冷えることもありません。

うさぎの母乳は栄養たっぷりで、タンパク質は牛乳の5倍、脂肪は3.5倍あります。ですから1日1回の授乳でも問題ありません。なかには2日に1回しか授乳しに来なかったうっかり屋のメスも観察されていますが、子どもは無事育ったとのことです。

# 28 うさぎの上唇はなんで左右に分かれるの？

今日はマコもいないし

3人でのんびりお留守番してようね

てち…

ふぁ

のび…

ふあ～

ダ

あのっ うちの子上唇が裂けちゃってるんですが…!!

○○動物病院

受付

?

大きく口を開けたときにしかわかりませんが、うさぎの鼻と口のあいだの縦線は人のようにつながっていません。左右に分かれて、前歯や歯茎が見えるようになっています。上唇裂（じょうしんれつ）といってラクダやアルパカも同じ唇をしています。

何のために上唇が左右に分かれるのかはわかっていませんが、もしかすると**上唇の器用さに一役買っているのかも**しれません。上唇には草をたぐりよせる役割がありますが、それがより器用に行えるということ。左右に分かれていれば前歯も突き出しやすく都合がよさそうです。ちなみにうさぎもラクダもアルパカも**砂埃（すなぼこり）を防ぐために鼻の穴を閉じられる**という特徴がありますが、これも上唇～鼻先の部分が器用に動かせるゆえでしょう。

ところで、うさぎの鼻は「萌えのY字ゾーン」なんて呼ばれていますが、上唇裂があるので実際はYでなくX。まさに某有名キャラクターのうさぎです。作者は上唇裂のことを知っていたのかも？　なんて想像がふくらみます。

うさぎのほんね

**理由ははっきりわからないけど草をたぐりよせやすくなるのかも？ラクダやアルパカも同じ唇だよ**

そうじも しやすい？

ぺろん

# 29 マフマフがある子とない子がいるのはなぜ？

うさぎカフェ Mofumimi
いらっしゃいませ
やぁ マコちゃん ゆっくりしていってね
店長 ウチダさん
わ〜い！
マフ夫人 相変わらず 立派なマフマフ…!!
そっ…
さわっても いいかな？ 失礼 しま〜す…
ああ…
マフ。
わあああ〜…
マフゥ。
定期的に さわりたく なってしまう 魅惑のマフ…
マフン
マフン
ハマってるねぇ

## うさぎのほんね

# 首に肉垂があるのは成熟したメス。女性ホルモンの影響で成長する栄養たっぷりの脂肪層なんだ

うさぎの首元の分厚いお肉は「Dewlap（デュラップ）」といい、**成熟したメスに表れる肉垂（にくすい）**です。女性ホルモンが出続けると増える脂肪層という意味では、人間の女性のバストにあたるといえるかもしれません。飼育下ではまれにデュラップがあるオスもいますが、男性ホルモンが少ない証拠でもあるため、繁殖には向かないそうです。

デュラップの役割ははっきりしませんが、**妊娠や子育て中に栄養不足にならないための栄養貯蔵庫**という説があります。ラクダは背中のコブに脂肪を蓄え飢餓に備えますが、それと似たモノということですね。また出産前に母うさぎは自分の毛を歯でむしって巣穴に敷きますが、デュラップがあると首の毛がむしりやすい、脂肪層があれば毛をむしって無毛になっても寒くないという説もあります。

魅力的なデュラップですが、マイナス面もあります。よだれや食べカスで汚れて皮膚炎を起こしやすい、デュラップが邪魔で体の毛づくろいがしにくいなど。体のお手入れには気遣ってあげましょう。

マフ〜ン

# 30 なんでうさぎはバタンと横になるの？

だいふく〜
もちもちもち…
ユラ…
バタン寝!!
バタン
ころりんっ
最初は気絶かと思って焦ったけど…
安心してくれてるって思うと嬉しいね
すやァ…

うさぎは横向きで寝るとき、バタンと倒れるように転がります。勢いよく倒れるので気絶したのかと焦る飼い主さんもいますね。うさぎはなぜか姿勢を保ちながらゆっくりと横になることができないようです。片肘を着けて寝そべることができればゆっくりと横になることができますが、うさぎのそんなポーズは見たことがありません。前脚が短くて片方では支えにならないのかもしれません。ですからエイヤッと体重を移動して横になるしかないんじゃないでしょうか。

いずれにしてもバタン寝は安心している証拠。敵に襲われたらひとたまりもない無防備な姿勢ですから、野生のうさぎが地上で見せることはほぼないでしょう。安心できない環境では寝そべるときも足裏を地面に着け、頭を上げた姿勢を保ちます。いわゆるスフィンクス座りです。頭を上に保つのは周囲の異変にすぐ気づけるように、足裏を下に着けるのは飛び起きることができるようにしておくためです。

## うさぎのほんね

## 脚が短くて胴体が丸いから、寝転がる途中の姿勢を保つことができずバタンと転がるしかないんだ

安心

# 31 ひねりジャンプするときはどんな気持ち？

見て！だいふくのひねりジャンプ動画
ビュン
バ
すごい！
一瞬の出来事…！スロー再生でも見てみたい
よし
ピョワッ
ググッ
ビュオンッ
ブルルッ
ブルルル
ワイルド…!!
ふだんもちもちしてるくせにこういうギャップ出してくるのずるくない？
ふだん←

うさぎのほんね

# テンションMAX！「ビンキー」「うさぎのハッピーダンス」と呼ばれる大興奮の時間だよ

突然の猛ダッシュ（P.28）の最上級バージョンで、**走るのに加えてひねりジャンプなども入ったうさぎのハイテンションタイムを俗に「Binky（ビンキー）」**と呼びます。ビンキーとは「ボヨン」や「ピョン」を意味する「Boing」から派生した擬態語だそう。うさぎが野生モードになってエネルギーを爆発させる時間で、うさぎのハッピーダンスとも呼ばれています。ジャンプしながら空中で頭と胴体を逆にひねるなど、方向転換して敵をまくうさぎらしいアクロバティックな技を見せてくれます。

座った姿勢から前足を少し浮かせて上体を起こし、頭や耳をプルプルと振るしぐさは「ハーフビンキー」と呼ばれます。これも同じくご機嫌なしぐさ。髪の長い人は同じように頭を振ってあげると、髪がうさ耳のように揺れて「私もハッピー！」というサインになるといわれています。

**ビンキーがよく見られるのは夕方。**昼間、巣穴で過ごしていたうさぎが外に出て活動を始める時間帯です。

# 32 仰向けにすると固まっちゃうのはなぜ？

なでなで
きなちゃん今日もかわいいね〜
赤ちゃん抱っこしちゃおう
くるん

あ
その抱き方は…
えっ？

ピキーン
きなこおおお

うさぎは仰向けにすると固まっちゃうの
そうだったのか
まったくも〜
びっくりさせてごめんね

うさぎのほんね

**仰向けは野生では敵に襲われたときなど、危険な状態を意味する。高ストレスで体が硬直しちゃうんだ**

うさぎは仰向けにされると体を硬直させます。動物病院ではこれを利用して診察することもありますが、ふだんの生活ではやらないほうがよいでしょう。仰向けはうさぎにとって捕食者に襲われ、かつ逃げる手段を封じられた絶体絶命の状態を意味するからです。

実際に仰向けにされたうさぎには血圧・心拍数・呼吸数の低下、排尿やよだれ、瞳孔の収縮などが見られ、拘束を解かれたあと数時間この状態が続くこともあるそう。強いストレスを感じたときに出るホルモンの上昇も見られ、恐怖を感じていることは疑いようがありません。この姿勢を強いたことで飼い主さんへの信頼がなくなる恐れもあります。

野生のうさぎが恐怖で硬直することは、動かないことで捕食者の目を逃れられるメリットが考えられますが、捕食を逃れられても強いストレスにさらされた結果、絶命してしまうこともあるよう。うさぎにとって硬直は大変にリスクの大きい賭け。ふだんの生活では体験させないようにしましょう。

# 33 前足でモノが持てないのはどうして？

ムシャア
本日のデザートは葉っぱの盛り合わせ！
どうぞ〜
むしゃ
むしゃ
むしゃ
むしゃ
むしゃ
むしゃ
むしゃ
うさぎって前足で食べ物持って食べるんだと思ってたけど
そうじゃないんだね
たしかに私もそう思ってた…
なんでだろ
ゴ
ゴ
ゴ
ゴ…
これもやっぱり…
彼の影響…？

うさぎは前足でモノが持てません。野生で草を食べるときはまず根元を歯で切り取り、切り口からシャクシャクと食べ始めます。葉や茎は根元から斜め上を向いているので引っかかることなくすんなりと口の中へ入っていきます。

モノが持てないのは指が内側に深く曲がらないせいですが、これは速く走る動物の特徴。チーターも馬も前足でモノが持てませんよね。**速く走るためには指が固定されていたほうがよいのです。**スパイクシューズだと速く走れるのと同じ。つまり**速く走る能力と指の器用さは引き換え**なのです。

ハムスターやリスなどのげっ歯類は前足でモノを持つことができます。これらの動物は雑食性で堅い種子や木の実の殻を歯で割って食べるので、食べ物をしっかり固定する必要があるのです。親指はありませんが親指のような位置にある肉球にモノを引っかけて持つことができます。これは完全に草食性であるうさぎには必要のない機能です。

### うさぎのほんね

## モノを持つ必要がとくにないから。それよりも、速く走る能力が必要だから指はあまり曲がらないほうがいいんだ

# 34 うさぎは赤い目という イメージがあるけど？

あなたがマフ夫人！お噂はかねがね…

ああ～立派なマフ

マフゥ‥

Mofu mimi

マフ夫人は黒目の白うさぎだね

白い毛に黒がキリッとしてて素敵

白うさぎはみんな目が赤いんだと思ってたなぁ

あ～干支のうさぎも目が赤い絵が多いような…

白×赤も白×黒もどっちもかわいいね

ていうかどの色もそれぞれかわいいね

しみじみ‥‥

うさぎはかわいいねぇ…

かわいいねぇ…

ニコ ニコ

うさぎのほんね

## 明治時代の日本で流行したのが白い毛に赤い目のうさぎだったんだ。いわゆるアルビノだよ

明治時代に作られたジャパニーズ・ホワイト（日本白色種）という品種があります。アルビノで白い毛に赤い目が特徴。日本国旗を思わせる風貌で人気となり、衣料用や食用として国から飼育が推奨されたのもあって当時全国に広まりました。こうした歴史があるため、日本ではうさぎといえば赤い目というイメージが根づいたのでしょう。

赤い目なのは虹彩に色素がなく眼底の血管が透けて見えるから。光をまぶしく感じ、視覚障害をもつことがわかっています。アルビノうさぎによく見られるのがスキャニング行動。頭を上下左右にゆらゆらさせてモノをよく見ようとする行動です。見る角度を変えると近くのモノは遠くのモノよりも大きく動きます。それによって遠近感などをつかもうとしているといわれます。

うさぎはもともと視力よりも聴覚や嗅覚に頼る動物のため、アルビノうさぎの視覚障害もそれほど心配することはありません。ただ紫外線には弱いので直射日光は避けるなどの対策は必要です。

# 35 毛の色が変化することがあるの？

今年もいっぱい撮ったな～

あ、これ夏にメグちゃんが遊びに来たときのだ

……

あれ？

夏よりいまのほうが毛色が薄い？

今（冬）

夏

成長したからかな？

えっもしかして…

きなこ、じつはじょじょに白くなっていくタイプの個体…？

今

3年後

5年後

ちょっとワクワク

この数か月後きなこの毛はまた色が濃くなった

ユキウサギ（ノウサギの一種）などは冬場、全身が白くなり雪原のなかで目立たなくなります。こうした極端な変化はノウサギ類のみでアナウサギには見られません。しかしよく見るとアナウサギも**夏毛と冬毛では冬毛のほうが白っぽい**ことがあるようです。うさぎは体のパーツごとに換毛しますが（P.75）、そうすると上半身は濃い色の夏毛、下半身は白っぽい冬毛なんてこともあります。冬は寒さを防ぐために白っぽい下毛が増えるせいかもしれませんし、日照時間が減ってメラニンの生成が少なくなるせいかもしれません。冬場、雪が降る場所で暮らすアナウサギにとっては、この体色の変化が少しは有利に働くのでしょう。

ちなみにうさぎの毛は冷気を遮断しやすい構造になっています。加えて、巣穴の中は温度が安定していて寒さはそれほど問題ではありません。それでもやはり冬は厳しい季節。草が生えないので樹皮や小枝、根などを食べてしのがなければならず、**越冬できる野生のうさぎは30％ほど**だそう。

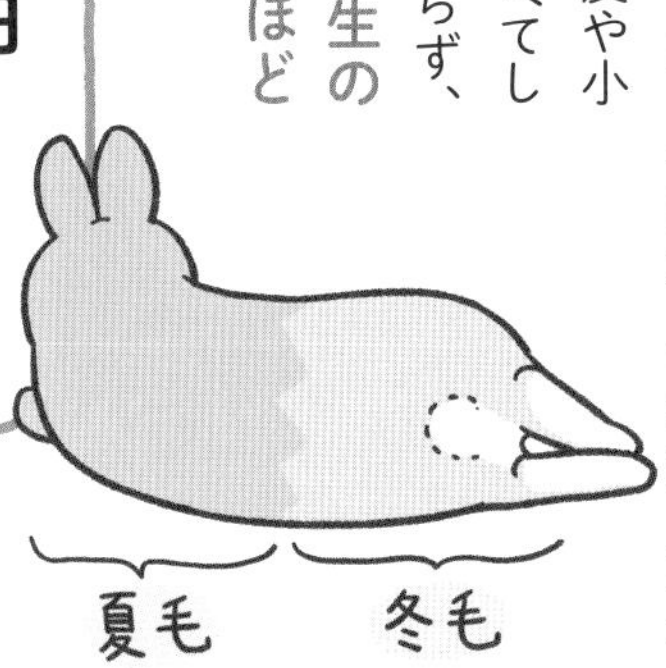

### うさぎのほんね

**ユキウサギのように冬に全身真っ白にはならないけど、アナウサギも夏毛より冬毛のほうが白っぽくなるみたい**

夏毛　冬毛

# 36 換毛期に変な模様が現れるのはどういうしくみ？

換毛期
ブラッシング〜
コロ
コロコロ
コロ
永遠に毛が取れる…！
ホワ
ホワ

この時期はお手入れとか掃除とか大変だけど
あれが見られるからね
ね、だいちゃん

マユーン!!
キリッ

今年も凛々しい!!
パシャ
パシャ
ベスト眉毛ニスト!!

うさぎのほんね

## 体の場所によって毛の密度がちがったり生え替わるタイミングが異なるからふしぎな模様ができることもあるんだ

額に眉毛のような模様ができたり、顔にミステリーサークルのような模様ができたり、はたまたおしりにハートマークが現れたりと、うさぎはふしぎな換毛のしかたをします。これはうさぎの皮膚が「アイランドスキン」だから。皮膚が厚くて毛が密生している部分と、皮膚も毛も薄い部分が点在していて、場所ごとに換毛のタイミングやサイクルが異なるため、ふしぎな模様が現れるのです。換毛は頭から始まって背中、おしりと進むことが多いようですが、なかには背中の真ん中から換毛し始めるうさぎもいて個性豊か。

ちなみに冬場に白くなるノウサギの換毛の始まりは耳からで、換毛途中では茶褐色のうさぎが白いうさ耳をつけているような状態になります。

うさぎは無毛で生まれ、生後12日頃までに毛が生え揃いますが、これはまだ赤ちゃんの毛皮。生後4か月ごろにおとなの毛皮に生え替わります。これが初めの大きな換毛で、ふしぎな模様が現れるのはこのときだけの子もいれば、毎年現れる子もいるようです。

おしりにもうさぎ

# 37 うさ耳は濃い色になることが多いの？

ああ〜かわいいい!!

いろんな模様の子がいるんだなぁ〜

そういえばどの模様の子も耳は色ついてる

耳は色がつくことが多いのかな

よく見るときなこも耳先はちょっと色が濃いもんね

うさぎのチャームポイントがより際立つデザイン…

さすが神様わかってらっしゃる…

耳に色つけたらもっとかわいくなるかな

あ〜やっぱり〜!!

ぬり ぬり

うさぎのほんね

**耳は濃い色がつきやすい部分。野生のアナウサギも、耳先は濃い色をしているよ**

野生のアナウサギの毛色は一種類しかありません。茶褐色の毛色です。こうした種本来の姿を「野生型」といいます。野生型はもっとも敵に見つかりにくい保護色。野生でも突然変異で真っ白や真っ黒の個体が生まれることはありますが、それらは野生のなかでは敵に見つけられやすく、生き残りにくいのです。ペットのうさぎにいろんな毛色があるのは敵に捕食されることがないから。イギリスやオーストラリアでは飼育されていたカイウサギが野に放たれ野生化していますが、定着したのは野生型のうさぎだけです。

さて、ウサギ類の多くは耳先に黒い毛をもっています。冬には真っ白に毛換わりするユキウサギでさえ、耳先は黒い色をしています。これは「標識色」といって同種どうしがお互いを見分けるための目印。カイウサギにはいろんな毛色がありますが、白黒や茶白のぶちなど2色以上の毛色のうさぎの耳がたいてい濃い色をしているのは、耳には濃い色がつきやすいからです。耳は白いのに体は濃い色というぅさぎは存在しないのです。

# 38 うさぎといえばお月さま。うさぎはやはり月が好き？

ただいま〜

おかえり
あ、なんか持ってる！

ワーイ!!

今日は十五夜だからお団子買ってきたよ

お月見いいねぇ！

月見だんご

十五夜ってうさぎにとってはやっぱり特別な夜なのかな？

ぴょん

ぴょん

月のパワー（?）で大興奮したりして…？

楽しみ〜

そして夜

わぁ〜
きれいなお月さま

ね、きなちゃんだいちゃん

しーー‥ん

うーん、思ってたのとちがう…!!

大興奮とはほど遠いね

## うさぎのほんね

## 満月の晩は敵に見つかりやすい危険な夜。危ないから明るい月夜はあまり動かないようにしているんだ

**野生のうさぎは明るい月夜の晩はあまり活動しないことが最近の調査でわかりました。**理由はおそらく、捕食者に見つかりやすいから。月明かりのない暗い夜のほうが安心して活動的になります。満月の夜と新月（もっとも細い月）の夜では、後者のほうが移動距離が長くなることもわかっています。このように警戒しているのにもかかわらず、**満月の夜は新月の夜の2.5倍捕食される**というノウサギのデータもあります。つまりうさぎにとって満月は要注意のサイン。おとなしくしておくに限るのです。

うさぎの目は光を感じる桿体（かんたい）細胞が多く、**光の感度が人の約8倍。**ですから少しでも光があれば問題なく行動できます。ただし桿体細胞が多いぶん色を見分ける錐体（すいたい）細胞は少なく、視界はほぼモノクロ。うさぎが活動するのはおもに夕方から早朝にかけての薄暗闇なので、色を見分ける能力をもっていてもあまり意味がないのです。それよりは光を感じる桿体細胞を増やしたほうがメリットがあるのです。

# 39 目を開けたまま眠るってホント？

1匹目であるだいふくを迎えたばかりのころ

……

起きてるなぁ…

ずっと寝てないような…
うさぎは昼間は眠いはずなのに

寝床の置き方が悪いのかな

暑すぎる？寒すぎる？

なにかの病気とか…

頼りない飼い主でごめんねだいちゃん…

うう…

じつはいままさに寝ているのであった

うさぎのほんね

## まぶたを開けたまま眠れば周囲の変化にいち早く気づけるかもしれないし、「起きてるふり」で騙すこともできる？

**うさぎはまぶたを開けたまま眠ることがあります。**安心できない状況で睡眠をとるための策といわれています。まぶたを開けておけば光の変化などをいち早く感知して飛び起きることができるのかもしれませんし、相手に「ボクは起きているぞ」と思わせることが、ある種の防御策になるのかもしれません。人間がまぶたを半開きにして眠るのを「兎眼（とがん）」と呼ぶのはこれにちなみます。

このときよく見ると**第三のまぶたといわれる瞬膜が瞳をおおっている**ことがあります。瞬膜とは目頭から目尻方向に出る半透明の膜で、一瞬シャッと横切ることもあれば出っぱなしで眼球をおおっていることもあります。瞬膜でおおっていればまぶたを開けていても瞳が乾きませんし、半透明なので一見しっかり目が開いているように見えるのです。

寝ているかどうか確かめるポイントは鼻のヒクヒク。寝ているときは鼻のヒクヒクが止まり、呼吸もゆっくりになります。

# 40 アイロンがけのしぐさは何？

うさぎはまるでブルドーザーのように土を前足で押して移動させます。掘っては積もった土をよけ、穴を拡大するのです。巣穴にいる赤ちゃんに授乳したあと埋め戻す（P.57）ときも同じしぐさをします。ですからメスに多く見られる行動でしょう。

うさぎのほんね

**掘った土をよけたり穴を埋め戻したりするしぐさだよ**

# 41 おしりの皮膚がピクピクするのは嬉しいとき？

嬉しいときにしっぽを振る（P.33）のと同じで、喜びでおしりの皮膚がピクピクすることがあるようです。このしぐさが見られるのは座っているとき。しっぽが床に着いていて動かしづらいので、代わりにおしりの皮膚に興奮が伝わるのかも？

うさぎのほんね

**嬉しいとおしりの皮膚が痙攣するみたいに動いちゃう**

# リアル『ウサギとカメ』対決

童話『ウサギとカメ』はご存じのとおり、足の速いうさぎが油断して居眠りしているあいだにカメがゴールするお話です。2018年、アメリカの学者がこの童話は真実だったと発表しました。足が遅くても着実に進む動物のほうが、足が速いが長く休息する動物より「一生涯あたりの移動速度」が速いというのです。うさぎとカメの生涯の全移動距離を生きた月日で割ると、カメのほうが速いそう。うさぎは俊足ですが持久力はなく、休んでいる時間が長いですからね。ターボをかけるぶん燃費が悪いのです。

では短距離走ならばどうかと、実際にうさぎと同等サイズのリクガメを競争させてみたイベントがありました。しかし競技中うさぎは途中で固まったり、レーンから脱走したりとまったく思いどおりに動かず、黙々と歩くカメが勝利。うさぎはカメより臆病ということを表す結果となりました。

# 3章

# うさぎ様の言うことはゼッタイ

# 42 足ダンで怒られます

うさぎは危険を感じると後ろ足で力強く地面を蹴って音をたてます。その音を聴いた仲間はいっせいに逃げ出します。**通称・足ダンはいわば警報システム。**この足音は地中の巣穴にいる仲間たちにも伝わるといわれます。

足ダンは利他(りた)的な行動に見えます。音をたてることによって自分自身は敵から注目され、標的になるリスクが高まるからです。ミーアキャットやプレーリードッグは敵を見つけると警戒声を発しますが、これも同じく警報システム。動物は自分の遺伝子を残すために生きているはずなのに、自己犠牲的な行動をするのはちょっとふしぎに感じます。

じつはこれら警報システムは**自分と共通の遺伝子をもつ血縁者の生存率を上げるための行動。そうすることで間接的に自らの遺伝子も残せます。**母系社会であるジリスはオスよりメスのほうが多く警戒声を発します。メスはまわりに血縁者が多いからです。うさぎも母系社会なので（P.129）、メスのほうが多く足ダンをするのかもしれませんね。

## うさぎのほんね

**足ダンは「怒り」じゃなく「危険」を感じたときにする行動。大きな音で仲間に危険を知らせる警報なんだ**

大きな音＝キケン

ダン

# 43 早起きなのはどうして？

ぱち…
むくッ
5時半か よし…
まだ寝れるな
カタンッ
カタンッ
カタッ
ガタガタッ
ガタタン
ガタタン
わかったわかった おはよ～～～～!!
シュンッ
シュンッ
うさぎによって改善される生活習慣…
強制早起き…
おいしい牧草

野生のうさぎは昼間は巣穴で休んでいます。明るい昼間は敵に見つかりやすいですし、暑いなか活動するのは効率的ではありません。巣穴から出て活動を始めるのは夕暮れ、薄暗くなってから。草をはんだり、なわばりパトロールをしたり、新しい巣穴を開拓したりと精力的に動きます。ひととおりのことを済ませたら仲良しのうさぎどうし寄り添ってウトウトすることも。巣穴に戻るのは夜明け。腹ごしらえをしてから戻ります。

　このようにうさぎの活動のピークは巣穴から出る夕暮れと、巣穴に戻る早朝の2回。いずれも薄暗い時間帯に活動するため**薄明薄暮性**（はくめいはくぼせい）と呼ばれます。ペットのうさぎは飼い主さんの生活に影響されて多少昼行性（ちゅうこうせい）に傾きますが、それでもやはり**早朝と夕方にたくさん食べ、活動したがる**ようです。

　ちなみに**メスが子どもを出産するのはなぜか早朝が多い**そう。1日1回の授乳も早朝。うさぎにはふしぎな体内時計があるようです。

## うさぎのほんね

**うさぎがもっとも活発で食欲旺盛なのは明け方と夕暮れ。太陽がのぼる前に草を食べたいんだ！**

# 44 飛びシッコが直らないのはなんで？

うさぎは自分の主張にオシッコを使います。とくにオスはなわばり意識が強いためマーキングのオシッコが多くなります。**なわばりの境界線や目立つ場所にするのはもちろん、自分より格下のオスに威嚇としてオシッコを引っかけたり、好きなメスにオシッコを引っかけることもあります。**飼い主さんにまでオシッコをかけるうさぎもいますが、おそらく求愛のしるしなのでしょう（ありがた迷惑ですね……）。

マーキングのオシッコは広範囲に引っかけたほうがアピール効果が高くなります。そのため跳びはねながらおしりを持ち上げ、後ろに向かって勢いよく飛ばします。ひねりを加えて横方向にバッとオシッコを広げるうさぎもいます。

**去勢手術をすれば男性ホルモンが下がりこうしたマーキング行為は減ります**が、手術のタイミングが遅くて男性ホルモンがたっぷり出たあとだったり、マーキング癖がついたあとだと完全にはなくならないことも多いようです。

**うさぎのほんね**

**飛びシッコの目的は排泄ではなく自分の主張。ときには好きな相手にもオシッコをかけてアピールするんだ**

わあーっ

ぴょわっ

# 45 うさぎはなぜ鳴かないの？

うさぎは声によるコミュニケーションはほぼ行いません。うさぎのような被捕食者にとって、**鳴いて目立つことは敵に狙われるリスクを増やす**ことになるからでしょう。しかし鳴けないわけではありません。よく「うさぎは声帯がないから鳴かない」とかんちがいされていますが、**うさぎにもちゃんと声帯はあります。**絶対絶命のピンチのときにキーッという鋭い声を出すのがその証拠です。

また、音によるコミュニケーションをまったくしないわけではありません。鼻をブッと鳴らしたり（P.116）、足ダンをしたり（P.86）。いずれも威嚇や警戒など、やはり非常時に音を出すことが多いようです。

野生では安全のためなるべく音をたてずに暮らしているうさぎですが、**飼育下では安心しているせいかモノを投げたりしてわざと音を出す**ことがあります。音でアピールしたほうが飼い主に気づいてもらいやすいと学習したのでしょう。皿を投げるしぐさは俗に「ちゃぶ台返し」と呼ばれます。

### うさぎのほんね

**鳴いて目立つと捕食者に狙われる危険があるから、ふだんは鳴かない。でも大ピンチのときは大声で鳴くよ**

# 46 ホリホリが止まりません

## うさぎのほんね

# 穴を掘る習性はうさぎに強く刻み込まれた本能！ やめさせようなんて考えず、掘ってもよい環境を整えて

アナウサギはその名のとおり、穴を掘る習性をもつうさぎ。その習性は**実際には掘れない場所でも発揮**されます。毛布をホリホリ、床をホリホリ、飼い主さんの体までホリホリ……。これは本能的な行動なので、やめさせることはできません。

じつは**巣穴を掘るのはメスの役目**。巣穴で産む赤ちゃんを安全に育てるために、また自分自身の身を守るために、よい土壌、よい立地を選んで一生懸命巣穴を掘ります。1時間休まず掘削(くっさく)作業をすることも。いっぽうパートナーのオスといえば、巣穴を掘るメスのそばで2～3分、申し訳程度に土を引っかくだけ。そうしてメスががんばって掘った巣穴にちゃっかり自分も隠れたりします。こうした背景があるため、ペットのうさぎもメスのほうがホリホリをよくするはずです。

**6年間使われた巣穴の総延長は517m、出入り口は150個、排出土壌は10㎥**という記録も。メスうさぎの熱心さがわかりますね。

# 47 オスがホリホリする意味は？

まった〜り
すくっ
お？
どしたん
ホリホリ
ホリ
おなか ホリホリ!?
ホリ
いてててて
でもめっちゃ躍動感あるホリホリ動画撮れてる！
REC
00:30
ホリ
ホリ
ホリ
マコは己（おのれ）のおなかを犠牲にした

P.95で述べたように穴掘りはメスの仕事。だからオスのホリホリは短時間で終わります。ただしオスの場合、穴掘りとはちがった理由でホリホリすることがあります。それは**燃える闘魂のアピール**。ライバルのオスどうしが決闘前、にらみ合いながら近寄り、相手の前でバリバリと地面をかくのです。音を出すことで**相手への威嚇にもなりますし、高まる気持ちを発散するためでもある**のでしょう。人間も格闘技の試合前には大声を出したり、自分の体を叩いて気合いを入れたりしますが、似たようなものかもしれません。

いったん決着がつくと負けたうさぎが遠慮するようになり、争うことはほぼなくなります。しょっちゅう争っていたらお互い身がもちませんからね。そう考えると、パートナーのメスが一生懸命巣穴を掘っているときにオスが数分だけ自分もホリホリするのは、「ちょっとだけ手伝うよ」ではなく、メスに対する「ボクもできるよ！」という男らしさアピール（？）なのかもしれません。

**うさぎのほんね**

**ライバルへの威嚇や闘志の表れ。何かのきっかけでふと闘争意識が刺激されるとホリホリでやる気アピール！**

# 48 人間の髪をなめてくれるのは優しさ？

親しいうさぎどうしが行う毛づくろいと同じで**愛情表現のひとつ。**好きな人の肌をペロペロなめたり、髪をカミカミしたりします。しかし髪の毛をたくさん飲み込むと胃腸に毛が溜まり「毛球症」になる恐れがあるので、適当なところでやめさせましょう。

うさぎのほんね

**仲良しだから毛づくろいしてあげる**

# 49 うさぎにも反抗期があるの？

性成熟する生後3〜6か月ごろはなわばり意識が芽生えて自己主張が強くなる時期。俗に反抗期と呼ばれます。それまでの素直な態度から一変、ひどいワガママっぷりに戸惑う飼い主さんも。元の性格にもよりますが、時期がくれば落ち着きます。

うさぎのほんね

**おとなになりかけの時期は反抗したくなるもの**

# 50 うさぎはどうして食糞するの？

だいちゃん
よ～し
よし

あ
なめて
くれるの？
ありがとう

ハッ

そういえば

さっき
だいちゃんが
やってた
アレって

もちょ
もちょ

食糞…

もぐ
もぐ
ゴクン

……い

ぺろ
ぺろ
ぺろ

うさぎのウンチは2種類あります。ひとつはコロコロの硬糞。もうひとつは軟らかい盲腸糞です。うさぎは盲腸糞を排泄するとき口を直接肛門につけて食べるため、飼い主さんが盲腸糞を目にすることはほぼありません。

硬糞は消化管をふつうに通り抜けたもの。いっぽう、途中の盲腸でいったん留め置かれ発酵したものが盲腸糞。発酵によりタンパク質やビタミンが増えた栄養満点のスーパーフードなのです。その栄養価はうさぎ用ペレット以上。ただし栄養を吸収する小腸は盲腸より上部にあるため、一度排泄して食べるという方法をとるのです。野生のうさぎは野外で草をはんだあと、10時間ほど経つと盲腸糞を排泄します。これはちょうど昼間に巣穴で休んでいる時間帯。草を食べられない昼間は盲腸糞で栄養をとるという、じつによくできたシステムです。

うさぎにとって盲腸糞は必要不可欠。栄養豊富な盲腸糞が食べられなくなると健康に支障をきたします。寝たきりになったうさぎには盲腸糞を食べさせてあげる介護も必要です。

うさぎのほんね

**草を盲腸で発酵させた盲腸糞は栄養たっぷりのスーパーフード。食べないと栄養不足になっちゃう！**

# 51 コロコロウンチを食べることもあるの?

はい、ごはんどうぞ!
アッ
ワ
カリ
コリ
カリ
コリ
カリ
カリ
コリ
カリ
モグ
コリ
カリ
…ん? いまウンチ食べなかった?
ペレットと間違えたかな
それにしては冷静だな…
モグ
モグ
カリ
コリ

盲腸糞（P.101）の話が有名すぎて学者のあいだでもしばらく気づかれなかったのですが、**じつはうさぎは硬糞も食べます。**硬糞は盲腸糞とちがって栄養は少ないのですが、ゼロではないのです。巣穴で休んでいるときのうさぎは盲腸糞も硬糞も食べることがわかっています。これは**巣穴の衛生維持**にも役立ちます。

つまり野生のうさぎにとって、食べないのは屋外で草をはんでいるときに排泄する硬糞のみ。屋外で排泄する硬糞はマーキングの役割を果たしますし、草を食べたほうが栄養価が高いので食べないのです。

大雪で巣穴に10日間閉じ込められたうさぎが無事生きていたなどの観察例がありますが、長期間草を食べなくても生きていられるのは、食糞で栄養を再吸収できるシステムがあるからでしょう。ある実験では、消化されずに排泄される特殊な粉をうさぎに与えたところ、5週間過ぎても排泄され続けたという記録が。**つまりうさぎは同じ内容物を5週間以上排泄しては食べてをくり返す**のです。

永久機関？

**うさぎのほんね**

**硬糞にも栄養は残っているから食べちゃう。巣穴にいるときは巣穴を汚さないためにも必要なんだ**

# 52 うさぎのジャンプ力はどのくらい？

きなちゃん
どこ行くの？

タタッ
タタッ
タタッ

ピョーンッ

わあ、すご〜い！もうその柵跳び越えられるようになったんだね!!

シュタッ

パチ
パチ

……

思わず感心しちゃったけどキッチンには入らないで〜

柵高くしても跳び越えてくね…

うさぎの走り高跳びの世界記録は106㎝、走り幅跳びの世界記録は301㎝です。ヨーロッパでは古くからうさぎの競技会があり、こうした記録が残っています。ちなみに前述の世界記録は2つとも同じうさぎのもの。特別大きなジャイアントうさぎではなく、体重2.6㎏のオスの垂れ耳うさぎです。

敵から逃げるのに幅跳びが必要なのはわかりますが、高跳びはちょっとふしぎかもしれません。じつは巣穴に敵が侵入してきたときに、うさぎは垂直ジャンプで逃げることがあるのです。巣穴には緊急脱出用の出口があり、これは地面に向かって垂直に掘られています。オコジョなどの天敵が巣穴に侵入してきたときはここから垂直ジャンプをして脱出するといわれます。この出口は茂みの中に開いており、さらに出口のまわりに土の山がないため一見出口とはわからないそう。内側から掘るので土は穴の中に落ちるのですね。

ふつうのうさぎでも高さ60㎝ほどは跳び越えられます。立ち入り禁止の柵はそれ以上の高さにする必要があります。

うさぎのほんね

**高さ1m、キョリ3mくらいをひと跳びでジャンプできるうさぎがいる。低いゲートは跳び越えちゃうよ！**

# 53 キック力がすごいです

きーな
ちゃ〜ん
抱っこ
しちゃお♡
にょ〜ん
は〜
生命の
ぬくもり…
……
いまそういう
気分じゃない
じたばた
は〜
な〜
し〜
て〜
おや
おや
おや
じた
じた
ばた
ばた
ドゴオ
ふぐぅっ
ピャンッ
じゃあね!!
……

### うさぎのほんね

## 瞬発力を出す「速筋」が多いから
## キック力はバツグン！　でもキックで
## 自分の脚を折っちゃうこともあるんだ

ジャンプ力（P.105）からもわかるように、うさぎの後ろ脚は大きな力を出すことができます。ある研究では、世界最速といわれるチーターよりもうさぎのほうが体重1kgあたりのパワーが大きいというデータも。この**パワーの秘密は速筋（白筋）の多さ**。速筋は瞬発力を生む筋肉で、うさぎは速筋の割合が45～54％と高いのです。一般的な日本人は速筋が30％くらいですから、1.5倍以上も多いのですね。ただしそのぶん有酸素運動に必要な遅筋（赤筋）は少なく持久力はありません。

うさぎは基本的に「逃げるが勝ち」戦略をとっていますが、逃げない闘いのときは後ろ脚のキックで応戦します。相手に咬みつきながら後ろ脚でキックを連打したり、空中でドロップキックをかましたり。しかし強靭な筋肉に対して骨は弱く（P.177）、**自分のキックで自分が骨折してしまう**なんてことも起こります。全力キックさせるような緊急事態にはなるべくしないようにしたいものです。

# 54 うさぎの前歯はなんであんなに丈夫なの？

牧草入れ…
ボロッ
もうだいぶかじられてるなぁ

木ってこんなに儚かったんだね…？
いやうさぎの歯が強すぎるんだけどね
でもなんかうさぎと生活すると木に対する感覚狂うよね
がじィ!!
うわぁ

ふんふん
がじィ
ちからづよいぃぃ!!

かじり木も用意したのにそれはかじらないしね…
がじがじがじがじがじ
かじり職人のこだわり…
あっしはこいつをかじりますァ

うさぎの前歯（切歯）は、**長い切歯（大切歯）が上2本と下2本。そして上2本のすぐ後ろにもう2本、小さな円柱状の切歯（小切歯）が並んでいます。**モノをかじるときは上の長い切歯と小さい切歯のあいだに下の切歯の先を当てます。小さな切歯はまな板のような役割をもつのかもしれません。

**うさぎの歯は生涯伸び続けます。**繊維質の多い草をかじったり木の根っこをかじったりする生活では歯が摩耗するのでちょうどよいのです。ペットのうさぎも「何かをかじりたい」欲求は強いものですが、かじらないと歯が伸びすぎて大変なことになってしまいます。

うさぎはこの歯が伸び続ける特徴から、昔はネズミと同じ「げっ歯類」に分類されていました。しかしその後の研究の結果、現在は分類が別にされています。その大きな理由は歯。うさぎは長い切歯の裏に小さな切歯が重なるように生えていることから「重歯目」という分類にされたのです。小さな前歯の意味は意外と大きいのですね。

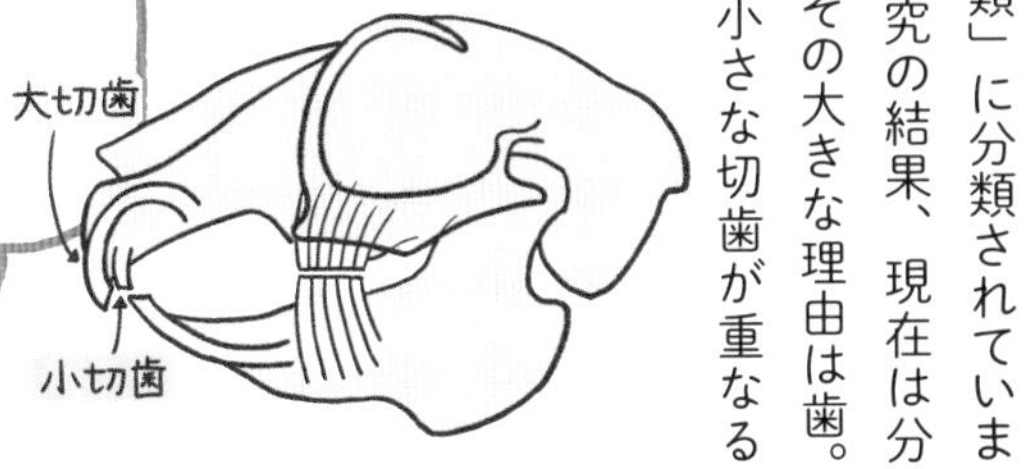

**うさぎのほんね**

**前歯はまるで彫刻刀のように鋭く
モノをスパッと切り取れる。
しかも伸び続けるから削れても平気！**

大切歯

小切歯

# 55 ケージの網をガジガジかじって困ります

うさぎは上下の歯がちょうどよく当たることで互いに削れ、適切な長さを保っています。しかしケージの網をかじるなどして歯の向きが変わってしまうと上下の歯が当たらず、どんどん伸び続けることになります。これが不正咬合です。**うさぎの歯は年に10～12cm伸びる**ので、長い前歯が口から飛び出た形になったり、食べたくても食べられず衰弱してしまうこともあります。

**繊維質の少ない食事も不正咬合の原因**になります。ペレットやおやつばかり食べていると歯をすり合わせることが少なくなってしまうのです。うさぎにもっとも適した食事は牧草。歯も胃腸もすべて、牧草を食べるのに特化したつくりをしています。これを無視した食生活は不調を招きます。

うさぎがケージの網を噛んだときは「無視する」が正解。飼い主さんが反応してかまったり、噛むのをやめさせようとしておやつをあげたりすると、うさぎは「噛めばいいことが起きる」と覚えてしまいます。ケージ内に遊べるおもちゃを入れてあげるのも一案です。

うさぎのほんね

**「網かじり」を助長させないためには徹底的に無視！ 反応するとくり返すよ。歯の不正咬合の原因になっちゃう**

# 56 鏡に向かって足ダンするのはなんで？

うさぎのほんね

## 鏡に映った自分はほかのうさぎに見えちゃう。仲良しになるか、ケンカを売るかはうさぎしだいだよ

うさぎは鏡の中の自分を自分と認識できません。鏡に映った自分のにおいを嗅ごうとしたり、うさパンチや足ダンしたりするのはそのためです。

じつは海外では**1頭飼いの家庭の環境エンリッチメントとして鏡を置く方法**が紹介されています。ドイツなどのペット先進国ではうさぎは多頭飼いが推奨されているのですが、それが叶わない場合の対策です。

多頭飼いが推奨されているのは、うさぎは野生では群れで暮らすから。飼育下でも複数でいたほうが情緒が安定するという考えです。**鏡の中の自分をほかのうさぎと思って生活するだけで情緒が安定する可能性がある**というわけです。群れで暮らすインコなどの飼い鳥でも同様の対策が知られています。

また、うさぎと同じくらいのサイズのぬいぐるみを与えるのもよいとか。いずれもパートナーと見るかライバルと見るかはうさぎしだいですが、一度試してみてもよいかもしれませんね。

ポコ
ポコ
ポコ

# 57 うさぎが好きな音楽はある？

## うさぎのほんね

# モーツァルトとか落ち着いたクラシック音楽は癒やされるかも。超アップテンポな曲だと興奮する？

モーツァルトの曲は動物によい影響を与えるという説があります。牛舎でモーツァルトを流すとミルクの出がよくなったり、ラットが迷路の出口まで早くたどり着けたりという研究結果があるのです。動物が聴きとりやすい高周波の音域と心地よいゆらぎが、よい効果をもたらすのだとか。モーツァルトでなくても落ち着いたクラシック音楽なら同様の効果が得られるようです。いずれも小さな音量から聴かせるのがコツです。

人間はアップテンポの曲で興奮しスローテンポの曲で落ち着きますが、それは動物も同じ。基準は自分自身の安静時の心拍数で、それより速いか遅いかで音楽の印象や効果が変わるのです。うさぎの1分あたりの心拍数は人間の2倍以上なので、興奮を感じるテンポはだいぶ速いかもしれませんね。

海外のある研究者はタマリン（サルの一種）用の音楽を作ったそう。タマリンの心拍数と甲高い発声音域に合わせた音楽で、聴いたタマリンは大興奮だったとか。うさぎのための音楽もできたら嬉しいですね。

# 58 鼻を鳴らすのは嫌がってるとき?

意図的に鳴らしているのか、鼻息が荒くなった結果鳴ってしまうのかわかりませんが、攻撃的な気持ちになったときブッと強く鼻を鳴らすことがあります。こういうときは放っておくのが◎。ほかにリラックス時にプゥプゥと小さく鳴らすこともあります。

うさぎのほんね

**強く鼻を鳴らすのは威嚇。でも気持ちいいときに鳴らすことも**

# 59 障害物競争は得意？

逃走中に茂みなどの障害物をよけきれなかったら話になりません。障害物はすぐれた動体視力で認識して跳び越えたり、すばやく方向転換してよけます。実際に国内外でうさぎの走り高跳びやハードル走などの障害物競争が行われています。

うさぎのほんね

**もちろん得意。実際にうさぎの障害物競争も行われてるよ**

# 60 うさぎがかじると危険な木材はある？

杉や松は肝臓に悪影響を与える恐れがあります。杉材や松材のトイレチップの使用が原因で血液検査の数値が悪くなることも。ほかにも桜、桃、柊など危険な木材は多数。リンゴや梨、柳などは安全ですが、ニスやペンキが塗られたものはかじらせないで。

うさぎのほんね

**うさぎに危険な木材は意外と多い！**

# 61 うさぎも人見知りする？

そもそも人間を区別できるのかという疑問があるかもしれませんが、**ちゃんと人間を区別し、なじみのある人に接触する**ことが実験で判明済みです。判断材料はおそらく体臭。そのため香水などで体臭が変わると飼い主さんとわからなくなる恐れも。

うさぎのほんね

**知らないにおいの人は警戒するよ**

# のキホンのキ 2

## ゲージを読みとれるようになりましょう。

| 自信があって強気のときは<br>重心が高く前のめりに、弱気のときは<br>重心が低く体が引き気味になります。 | **姿勢** |
|---|---|

立つ

### 警戒・興味

立ち上がって耳もまっすぐ上に立て、まわりの情報をキャッチしやすい姿勢になります。緊張でこの姿勢のまま硬直することも。

### 平常心

耳は力が抜けてやや後方に傾き、座ったり寝そべったり。行動していても落ち着いた動作です。

### 好奇心

興味をもった対象に近づいて調べようとするときは、体は前のめりに、耳も前方を向きます。後ろ足のかかとを上げて静かに忍び寄ります。

前のめり

# うさぎのほんね

## うさぎは全身で気持ちを表しています。ボディラン

引き気味

### 恐怖

恐怖を感じたうさぎは体を引き、耳を後ろに傾けて自分を小さく見せます。このまま硬直することもあれば、追い詰められて攻撃に転じることもあります。

前のめり

### 攻撃的

相手に対して威圧的に前のめりになり、あごやしっぽを持ち上げて自分を大きく見せます。いざ攻撃するときはすばやく動きます。

### しっぽは緊張すると立つ

うさぎのしっぽは緊張すると上を向き、リラックスすると下を向きます。敵から逃げるときしっぽが白く見えるのは、しっぽが上を向き腹側の白い毛があらわになるから。リラックスして眠っているときのしっぽは下がっています。

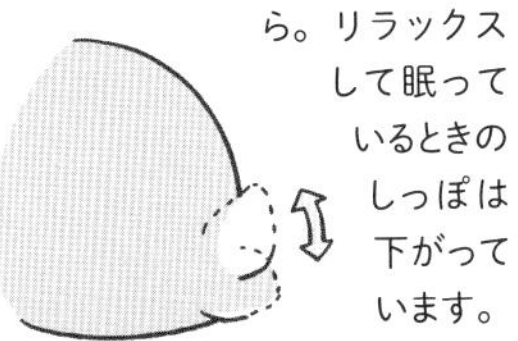

伏せる

### 苦痛

ケガの痛みや病気の苦痛を感じているうさぎは伏せて縮こまります。ギリギリと歯ぎしりをしていることもあります。

# 寝姿

休息しているときの姿勢にも、
無意識にそのときの気分が表れます。

警戒

リラックス

## 警戒度 80%

いざというときはすぐ動けるように、すべての**足裏を地面に着けた姿勢**で休みます。目や耳で周囲をすぐに確認できるよう、**頭も持ち上げたまま**でいるときは緊張度高し。

## 警戒度 50%

後ろ足の足裏は地面に着けているものの、前足は胸の下にしまう「**香箱座り**(こうばこずわり)」はやや安心している状態。寒いときもこの寝姿になります。

## 警戒度 10%

**おなかを地面に着け、足を投げ出した姿勢**はだいぶリラックスした状態。暑くておなかを冷やしていることも。

## 警戒度 0%

**足を横に投げ出し**ていたり、**ほぼ仰向け**になったような寝姿は安心しきっている状態。敵に襲われることなどみじんも考えていません。

暑い　寒い

# 4章

# うさぎだって いろいろ あるのさ

# 62 オス1頭にメス数頭のハーレム制ってホント？

## 一夫多妻になれるのは強いオスだけ。

強いオスが独占するぶん、弱いオスはパートナーをひとりももてないこともありますし、一夫一妻のペアも見られます。つがい形式はオスの序列や地域の個体数によってそれぞれなのです。

人間の場合、「ハーレム制」というと力をもった男性が多くの女性をはべらせるといったイメージですが、うさぎの場合、オスの力はメスに対しての魅力にはなりません。うさぎは食料を自分で調達できますし、生活するうえで他者を頼る必要は基本的にないからです。

ですから強いオスでも、メスの気を引こうとがんばります。メスのまわりを跳ねて自己主張したり、メスを毛づくろいしたり。オスを受け入れるかはメスしだいなので、懸命にご機嫌をとるのです。それでもメスは気分が乗らないとオスにパンチしたり、咬みつこうとすらすることも。うさぎを繁殖させたいとき、メスのケージにオスを入れてはいけないとされるのは、**気の強いメスがオスを攻撃することがある**ためです。

### うさぎのほんね

**強いオスはパートナーのメスが複数いることがある。でもハーレム制といっても、力関係はメス＞オスだよ**

# 63 うさぎの序列はどう決まる?

野生のうさぎはふつう10頭前後の群れを作って暮らします。そしてオスもメスも、**ある程度年を経た体の大きい個体がトップの座につきます。**繁殖力が強く体力と気力に溢れたうさぎがボスと女王（メスのトップ）になるのです。

**ボスや女王には、ほかのうさぎは道をゆずります。**ほかのうさぎが道をゆずらない場合、ボスや女王は威嚇をしたり追いかけ回して思い知らせます。ボスとほかのオスのあいだには25m以上の距離があるというデータも。これ以上近づくとボスが許さないのでしょう。もちろん、若い個体が力をつけてボスの座を奪うこともあります。

飼育下では牧草の置き場所をボスや女王が独占するという光景も見られます。彼らがおなかいっぱいに食べて、なわばりパトロールなどで離れているあいだにほかの個体が食べるという具合。多頭飼いの場合、劣位の個体もちゃんと食べられるよう牧草入れを複数設置するなどの配慮をしてあげましょう。

うさぎのほんね

**体格がよくケンカが強いうさぎが優位になる。トップのうさぎにはみんな遠慮しなきゃいけないんだ**

# 64 メスどうしの関係はどんな感じ？

うさぎカフェ
わい
わい
あれ？交尾してる…？
え？
バーーン
でもここには女の子しかいないはず…
マフ夫人も女の子だし
あれかい？
ウチダさん！
最近よくやってるよ
下の子もしかして新人ちゃん？
そうマフ夫人が教育中
この世界のルール、教えてやんよ
ハイッ

うさぎのほんね

**オスどうしよりは穏やかで仲がいいけど巣穴はゼッタイにゆずらない！それがメスのこだわりなんだ**

メスにとってもっとも大切なのは巣穴。自分の巣穴は死守しますが、それ以外の場所では互いに寛容で、いっしょに寝転がったり毛づくろいしあったりすることもあります。うさぎは母系社会なので、メスどうしは血縁関係であることが多いのです。ただし遠慮を知らない無礼者にはメスも攻撃しますし、メスがメスにマウントして上下関係をわからせることもあります。

女王はなわばりの中心のもっとも安全な場所に子育て用の巣穴を作ることができます。これこそが女王の最大のメリット。劣位のメスは、敵から狙われやすいなわばりの外れに巣穴を作るしかありません。ある群れの調査では、女王の子どもの生存率は56％だったのに対し劣位のメスの子どもは31％だったそう。優位のメスは子孫を残しやすいのです。

ちなみに女王のパートナーはもちろんボス。よい巣穴をもつ女王のパートナーとなることで、ボスも自分の遺伝子を多く残せるのです。

# 65 うさぎの性欲は強いってホント？

おじゃましまーす
ようこそ〜
メグの家
マロンくんも久しぶり！
わ〜ぬいぐるみのお友だちといっしょなんだ♡
仲良しなんだね
毛づくろいしてカワイイ〜♡
そうなの〜うちは多頭飼いじゃないから寂しくないようにね…
ぐわしっ!!
カク
カク
カク
カク
カク
……!!
仲良し…だね…!!
……
カク
カク
カク
カク
カク

うさぎのほんね

**発情期には1日に何度も交尾する。とくに一夫多妻のオスは大忙し。そのためうさぎは性欲の象徴になってるんだ**

草の生えない時期は自分自身が生き残るのに必死で子どもを育てる余裕などありません。仮に産んだところでちゃんと育てることができず、エネルギーの無駄遣いになってしまいます。**野生では発情期のピークは春。**地域によって多少変動しますが、真夏を過ぎるとほとんど発情はしなくなります。発情期を過ぎるとオスの睾丸は小さく縮んで陰嚢から腹腔内に戻り、交尾行動は見られなくなります。

しかしそのぶん発情期は何度も交尾したがります。この時期を逃してはならないからです。飼育下の観察では**1日に30回以上交尾**したオスも。さらに飼育下では食料の問題がないため、一年中発情期状態になります。このことからうさぎは古くから性欲の象徴とされてきました。バニーガールがセクシーなコスチュームだったり、成人男性向け雑誌『PLAYBOY』のロゴマークがうさぎなのはこのためです。

交尾自体は短く30秒以内に終わります。メスは**交尾の刺激で排卵するので高い確率で妊娠**します。

# 66 年に何回も出産できるの？

うさぎは1年に11回も出産できる…!?
00:00
100%
UsaPedia
うさぎの出産回数
そもそも妊娠出産育児ってどの過程も大変そうなのに

それを年11回…？
つわりつらい
おなか重い
出産いたい
育児ねむい
友情出演：ユミ

うさぎの妊娠期間は1か月だから…「産んですぐまたつぎの妊娠」をくり返す感じ!?
時間経過
妊娠
妊娠中
出産
授乳
妊娠
妊娠中
出産
授乳
ガーン
授乳しつつ
おなかでは胎児を育てる!?

うさぎの女子…!!
うっ
うっ
うっ
大変だねぇ…!!
？

うさぎのほんね

**出産してすぐに妊娠できるから飼育下なら可能。だけど何度も出産させるのは体の負担だよ**

野生のうさぎの寿命は短く、繁殖できる期間はさらに短くなります。繁殖可能な時期になるべくたくさん産むために、うさぎには「産後発情」というシステムがあります。出産するとすぐに発情し、新しい子どもを身ごもるのです。出産を終えたばかりのメスをつかまえて交尾しようとするオスは、人間から見ればなんだかひどい父親像ですが、うさぎにとっては合理的なシステムなのですね。

産後発情したメスは出産した子どもに授乳しながら胎児を育てるという、人間には真似のできない離れ技をやってみせます。産んで17日くらい経つと子どもは草を食べられるようになり、母親は授乳量を減らせます。すると今度は胎児に多く栄養を回せるというしくみ。こうして出産と育児を休む間もなくくり返すのです。

さらにノウサギの一種・ヤブノウサギにいたっては妊娠中に新たに妊娠するという「重複妊娠」もできるそう。左右の子宮が完全に独立した形だからできる妊娠形態だとか。ビックリですね。

胎児

# 67 一度に24頭もの子どもを出産したうさぎがいる!?

え!?
一度に24匹産んだうさぎがいる…?
24匹を産み～
これって産んだこともすごいけどそれ以前に
24…匹…!?
ババーン
うさぎの女子
なでくり
なでくり
体の中どうなってんの!?

うさぎのほんね

## イエス。でも一度に産むのは6頭くらいがちょうどいい。多すぎるとうまく育てられないんだ

いくら子孫をたくさん残したいといっても、一度に育てられる数には限りがあります。栄養豊富な飼育下ではたくさん産むこともあり、世界記録では24頭産んだうさぎがいますが、野生では一度に産むのは6頭前後。うさぎの乳首は8～10個なのでそれ以上産んでもうまく育てられないのです。

さらにうさぎは、産んでもうまく育たなそうなときは妊娠半ばで胎児を吸収して出産をやめてしまうという驚きのシステムをもっています。なわばりに対して個体数が多すぎたり、悪天候で草が育たなかったりすると胎児吸収が起こりやすいよう。とくに若くて劣位のメスは安全な場所に巣穴が作れないなど悪条件のため吸収率が高いようです。

これは自らのエネルギーを無駄にしないための裏技といえます。流産や早産だと胎児を育てるのに投資したエネルギーを無駄にすることになります。よい条件のときは多く産むいっぽう、悪条件のときはさっさと手を引いてエネルギーを蓄える。それがうさぎの繁殖戦略なのです。

もち
もち
もち

# 68 想像妊娠はなぜ起こる？

せっせ
せっせ
きなこ どうしたの 牧草運んで
忙しそう
えっ
むしり
むしり
毛も むしってる
やっぱり…
子どもを 産むための 巣作りかも
え？ ふたりとも 手術済み でしょ
うん、だから 想像妊娠
へぇぇ…！
本能すごい…
ゴク…
は～ 忙しい 忙しい

うさぎのほんね

# ほかのうさぎにマウントされたりして性的刺激を受けると想像妊娠しちゃう。繁殖本能はそれだけ強いんだ

うさぎのメスは妊娠していないのに妊娠したかのような状態になることがあります。「偽妊娠」または「想像妊娠」と呼ばれるもので、牧草や自分の毛を集めて巣作りしたり、乳腺の発達も見られます。オスのにおいを嗅ぐ、ほかのうさぎにマウントされるなどの性的刺激によって排卵が起こることが原因とされ、多頭飼いでは23％のメスに偽妊娠が見られるというデータも。ただし1頭で飼育されているメスにも偽妊娠は見られるので、多頭飼いだけが原因ではないようです。

偽妊娠は16～18日ほどで自然に収まります。その間は飼い主さんやほかのうさぎに神経質になることもありますが、温かく見守ってあげましょう。

まれに不妊手術をしたうさぎにも偽妊娠が見られるというからふしぎです。子宮のみ摘出する手術では排卵は起きるせいかもしれませんし、脳から出るホルモンのせいかも。いずれにしてもうさぎの繁殖本能の強さがうかがえます。

# 69 春はカクカクが増えるの？

P.131で述べたように春は野生うさぎの発情のピーク。飼育下ではほかの季節にも発情しますが、春に交尾行動が増えてもふしぎはありません。うさぎはカレンダーがなくても気温の上昇や日々長くなる日照時間によって、春の到来を知っているのです。

うさぎのほんね

**春は本来の発情期だから交尾行動が増えるんだ**

# 70 味の好みはどうしてあるの？

牧草の硬さなどに個々の好みがあるようです。ちなみに特定の植物を妊娠中や授乳中のうさぎに与えると、生まれた子どももその植物を好きになるそう。胎盤や母乳を通じて植物の味が伝わるのでしょうか。これぞオフクロの味？

うさぎのほんね

**母親が食べていたモノを好きになるからかも？**

# 71 オスどうしでも仲良くなれる？

仲良し かわいい～!!

えっ この2匹 オスどうし なんだって

そうなの!?

へ～!!!

オスどうしはケンカが激しいって聞くけど

こんな仲のいいうちもあるんだなぁ

まぁ… オスとメスでも多頭飼いは基本的に難しいっていうし…

でも…

ほわ

ほわ～

結局はうさぎどうしの相性って感じなのかな

いいパートナーなんだね～

うさぎのほんね

**去勢済みのオスは攻撃性が薄れて子どものように仲良くできることも。ボーイズラブが芽生えることもある**

野生のオスどうしも、非繁殖期は争わず中立的になります。なわばり防衛本能が薄れ、並んで休息することもあるそう。オスどうしの多頭飼いは一般的には難しいといわれますが、去勢済みのオスは中性的になりますから、子どもの気持ちのままきょうだいのように仲良くできることもあるのでしょう。オスがなわばりを守る目的はつまるところメスの獲得なので、メスが存在しないとオスはなわばりを防衛しないともいわれます。オスしかいない飼育下の群れではボーイズラブ的な行動も確認されています。

オスがオスにマウンティングし、下にいるオスはメスそっくりな交尾姿勢（ロードシス／おしりを上げた状態）をとるのです。こうしたペアはふだんからも争わず仲良くしているとか。優位なオスとペアになったオスは、群れ内の順位が上がるという現象も見られるそうで驚きです。難しいといわれるオスどうしの多頭飼い、ボーイズラブで成功するならそれはそれでアリですよね。

# 72 アナウサギとカイウサギ、何かちがいはあるの？

ドーン
キリッ
え！
野生のうさぎってこんな顔なんだ

ずいぶん顔が長くて目も鋭いきなこと全然ちがうね
あ〜それ、ノウサギだね
かっこいいよね

ノウサギときなこたちアナウサギはまったく別種なの
野生
ノウサギ (hare)
アナウサギ (rabbit)
ペット(カイウサギ)
英語でRabbitっていうとアナウサギを指すらしい
名前からして別扱いなんだね

ちなみに童話『うさぎとカメ』のうさぎはThe hare＝ノウサギ
シュンッ
へぇ〜！
速そうだもんね

野生のアナウサギを家畜化したのがカイウサギ。便宜的に呼び名を変えているだけで基本的には同種です。しかし比較すると野生のアナウサギは細長い顔、カイウサギはマズルの短い平たい顔をしています。なぜなら**人間がマズルの短いうさぎを好んで選択繁殖した**から。うさぎの赤ちゃんはマズルが短く平たい顔をしていますが、それは人間がより「かわいい！」と思う顔ですよね。だからおとなになってもマズルが短いままでいるよう、そういう顔立ちのうさぎを選んで繁殖させていったのです。ホーランド・ロップやネザーランド・ドワーフのような短頭種はそれが顕著です。

さらに脳にもちがいがあることがわかりました。調べてみるとカイウサギはアナウサギより扁桃体が小さく、内側前頭前野が大きかったのです。扁桃体は恐怖を感じる部分で、内側前頭前野は恐怖への反応を制御する部分。つまり**カイウサギは恐怖を感じにくい脳**になったのです。これは野生ではマイナスに働くでしょうが、飼育下では人馴れしやすくプラスに働くのでしょう。

うさぎのほんね

**基本的には同種で学名もいっしょ。でもくわしく調べると、顔立ちや脳のつくりにちがいが見られるよ**

アナウサギ

カイウサギ

# 73 ジャイアントうさぎもミニうさぎも同じ種？

へぇ～！

フレミッシュ・ジャイアントと普通サイズのうさぎのカップル!?

サイズ的に親子みたいに見えるけどカップルなんだ…！

かわいい…！

「愛は大きさを超える」…か もしソウスケがいまの2倍の大きさになったら私は…

にゅーーん

マコ～ おやつだよ～ん

**種とは繁殖力のある子孫を残すことができる生き物の個体群**を指します。例えばアナウサギとノウサギは種が異なるため、交配しても子孫を残すことはできません。

いっぽう**品種とは同じ種のなかでも形態的に異なる特徴をもつ個体群**を指します。カイウサギには体重10kgを超える大型種から体重1kgに満たない小型種まで150種以上の品種がありますが、いずれも同じ種なので繁殖は可能です。掛け合わせることで新たな品種が生まれることもあります。

うさぎにバリエーション豊かな品種があるのは古くから人によって品種改良されてきたから。引きずるほどの垂れ耳や目をおおい隠すほどの長毛も品種改良で生まれた特徴です。

ちなみにウサギ目(重歯目)には90種以上の種がいますが**人になつく性質があるのはアナウサギのみ**。ノウサギなどほかの種は気性が荒かったり、ケージ飼いが難しいなどでペットには向かないのです。アナウサギの存在が奇跡に感じますね。

うさぎのほんね

**みんなカイウサギの品種のひとつ。だから繁殖は可能だし、基本的には同じ性質をもってるよ**

# 74 たくさん毛づくろいされるうさぎはエライうさぎ？

毛づくろいをする間柄が仲良しであることは間違いありません。相互毛づくろいは緊張やストレスを和らげたり、互いの結びつきを強くするなどの効果が知られています。

ただし、毛づくろいする側とされる側が決まっているのは序列が関係している可能性があります。優位のうさぎは劣位のうさぎからたくさん毛づくろいを受けるのです。優位のうさぎは「毛づくろいしてほしいな」と思ったら、劣位のうさぎの前に頭を差し出すだけでOK。劣位のうさぎは優位のうさぎの頭をなめ始めます。劣位のうさぎにとってもこれは互いの絆を深めることになるので利益があります。自分のにおいをつけることで「これがワタシのにおいだよ。仲良しなんだから攻撃しないでね」というサインになるのです。優位なうさぎが劣位のうさぎを毛づくろいすることもありますが、たいていそれは短時間で終わります。

どんなに仲のよい間柄でも対等ということはありません。必ず序列があります。序列があるからこそ関係が安定しているのです。

うさぎのほんね

**ほかのうさぎから毛づくろいをたくさん受けるのは優位の個体！それがうさぎ界のルールなんだ**

# 75 ほかのうさぎに嫉妬することはある？

**うさぎのほんね**

**嫉妬ほど複雑な感情はもたないけど不公平や怒りは感じる。その結果、ほかのうさぎを攻撃することも**

実験では**マウスも不公平を不満に感じる**ことがわかっています。1頭だけにチーズを与えると別の1頭はストレスで体温が上昇するのだそう。多頭飼いでおやつをもらえなかったうさぎも当然、不満を感じるはずです。

また、P.147で述べたように仲のよいうさぎにも序列はあります。そして食べ物に関しても優位な個体に優先権があります（P.127）。**優位のうさぎより劣位のうさぎが利益を得ているような状況は、安定している関係を揺るがすかもしれません**。するとマーキングのオシッコなどのなわばり主張行動が増える恐れも。飼い主さんはすべてのうさぎを平等に扱うか、優位のうさぎをつねに優先的に扱うことが必要でしょう。

嫉妬は人間では2歳ごろに生まれる感情だそう。動物は人間ほど複雑な感情をもちませんし、うさぎの知能は人間の1歳児程度だといいますから嫉妬という感情はないでしょう。ですが怒りは感じますし、やつあたりもするので（P.151）、ほかのうさぎを攻撃することもありえます。

# 76 うさパンチは強いの？

**うさぎは前脚を前後にしか動かせません。**顔を洗うときなどは左右にも少し動きますが、肘を伸ばしたときは前後のみ。そのほうが脚が横揺れせず速く走れるのです。ですからパンチも縦なぐり。後ろ脚ほど筋力もないのでそれほど強くありません。

うさぎのほんね

**後ろ脚のキックと比べて威力は弱い。横には動かせないしね**

# 77 うさぎもやつあたりするの？

うさぎは自分より劣位の個体を攻撃しうっぷんを晴らすことがあります。「転嫁性攻撃」と呼ばれるもので、いわゆるやつあたり。攻撃の対象はそばにあったモノや飼い主さんのこともあります。ストレスが溜まらない生活をさせたいですね。

うさぎのほんね

## イライラの発散でやつあたりしちゃう

# 78 ほかの動物を育てるなんてことがあるの？

モフ〜ン
子猫を育てるうさぎ⁉
か、かわいい〜〜っ‼

見てこれ…モフを育てるモフ！
はあてっ
そんなことってあるんだね！
猫って肉食動物なのにこのうさぎは猫のこと本能的に怖くないのかなぁ
そこはうさぎの母性と包容力の勝利ってこと？

私もうさぎに育てられたい……
ママーッ‼
モフゥ…
僕も…
モフゥ…

飼育下では肉食動物と草食動物が仲良くする例が多く見られます。犬や猫などの肉食動物とうさぎが仲良く暮らしている家庭もけっこうあるようです。

野生では母うさぎは自分の子以外は育てません。出産した子には自分のにおいがついており、そのにおいがしない子は追い払います。ほかの子どもが巣穴に入ってきても自分のにおいがしないため咬み殺すことも。実験ではほかの子どもに母うさぎのオシッコをつけると、自分の子と認識して育てるそうです。

いっぽう、子どものほうも母親をにおいで感知します。生まれたての子どもは目も開いておらず頼りになるのは嗅覚。母親のおなかからは乳腺フェロモンが出ており、子どもはそれを感知して乳首に吸いつきます。乳腺フェロモンの存在は哺乳類のなかではうさぎだけで確認されています。母親が来ると子どもはすぐに乳首に吸いつきますが、これは乳腺フェロモンの働き。それによって母親は巣穴にいる時間を短縮できるというわけです。

うさぎのほんね

**ペットのうさぎが親のいない子猫を保護するように温める事例などがある。野生ではおそらく起きない現象だよ**

# 79 ヘビの鳴き真似を怖がるって聞いたけど…

**哺乳類は本能的にヘビを怖がる**という説があります。ヘビを見たことがない人間の赤ちゃんや実験室生まれのサルも、ヘビの画像を見ると恐怖の反応を示すことがあるのです。どうやらクネクネと動くひも状のモノ＝危険と察知する能力をもっているよう。こうしたモノを避ける本能があれば生き延びる確率を上げることができるのでしょう。

マウスの実験で、本来は危険ではない桜の香りを嫌な経験と結びつけて覚えさせると、桜の香りを嗅いだだけでストレス反応を示すようになるそうです。さらにそのマウスから生まれた子や孫も桜の香りに敏感になるそう。つまり**香りへの反応が遺伝した**のです。

このような背景からか、ヘビの威嚇音の真似をするとうさぎが危険と感じてイタズラをやめるというウワサがあるよう。たしかに、ふだんは聞かないシャーッという声に反応することもあるでしょうが、くり返すと慣れますし画期的な効果は見込めないでしょう。哺乳類が怖がるのは音ではなくヘビのような姿なのです。

うさぎのほんね

**哺乳類は先天的にヘビの姿を怖がる本能があるのかも。でも鳴き真似を怖がることはないかなあ**

# 80 シンクロして毛づくろいしています

親しい者どうしは行動が同調しやすいことがわかっています。よく知られているのはあくび。あくびはうつるといいますが、これは「共感」の表れで、親しい者どうしだとよりうつりやすくなります。犬やチンパンジーのあいだでもあくびの伝染は確認されています。

また最近では「誰かが体をかいていると自分もかきたくなる現象」も確認されました。体をかいているマウスを見たマウスは、自分もかき始めるのです。これは「かゆみの伝染」といわれやはり共感の表れで、社会性動物に見られるものだそう。ですからうさぎも誰かが毛づくろいを始めると自分もしたくなるのでしょう。毛づくろいの手順はだいたい決まっているので（P.11）、そっくり同じポーズになることもあるでしょう。

人間の恋人どうしは触れ合うことで呼吸や心拍数がシンクロします。いっしょにいると心拍数が落ち着きシンクロする現象は飼い主と愛犬のあいだにも見られます。仲良しなら種を超えてもシンクロは起きるのですね。

うさぎのほんね

**仲良しの相手が毛づくろいしてると自分もしたくなる。行動が自然にシンクロしちゃうのは人もうさぎも同じだよ**

ふあ〜

# 81 うさぎは放っておけば どんどん増えちゃう？

ピシ
突然ですが問題です
ハイッ
オーストラリアにはもともとうさぎはいませんでしたが
19世紀にトーマス・オースティンが24匹のうさぎを持ち込み一気に増えていきました

80年後、推定個体数は何匹になったでしょうか!?
とにかくめちゃくちゃ多そう
とつぜん！うさうさクイズ
1000万匹！
1000万
ソウスケ

ブー!!
正解は8億匹です
みっちり
はちおく

うさぎの繁殖力
恐るべし…!!

うさぎのほんね

**たくさん生まれるけど野生での生存率は低いからふつうは一定の頭数を保つ。ペットのうさぎはむやみに増やさないでね**

野生で生まれるうさぎのうち、おとなになれるのは10％程度。数多い天敵に捕食されてしまうぶん、うさぎは多産なのです。食料である草むらも限られており際限なく増えることはできません。野生で2歳以上になるうさぎは珍しく、ひとつの群れは2年ごとに全員新しいメンバーに入れ替わるといいます。

オーストラリアでうさぎが爆発的に増えたのは天敵がほとんどいなかったから。ご存じのとおりオーストラリアは有袋類の楽園ですが、大型の肉食動物がいないため有袋類もうさぎも増えることができたのです。

オーストラリアにうさぎが持ち込まれたのはイギリス人の「故郷のような風景が見たい」「うさぎ狩りがしたい」という安易な希望からで、これほど大増殖するとは夢にも思っていなかったよう。大増殖で牧場などに被害が出て一転、うさぎを減らすのに大規模な人員と費用が投入されたそうです。人間の身勝手さを思い知らされますね。

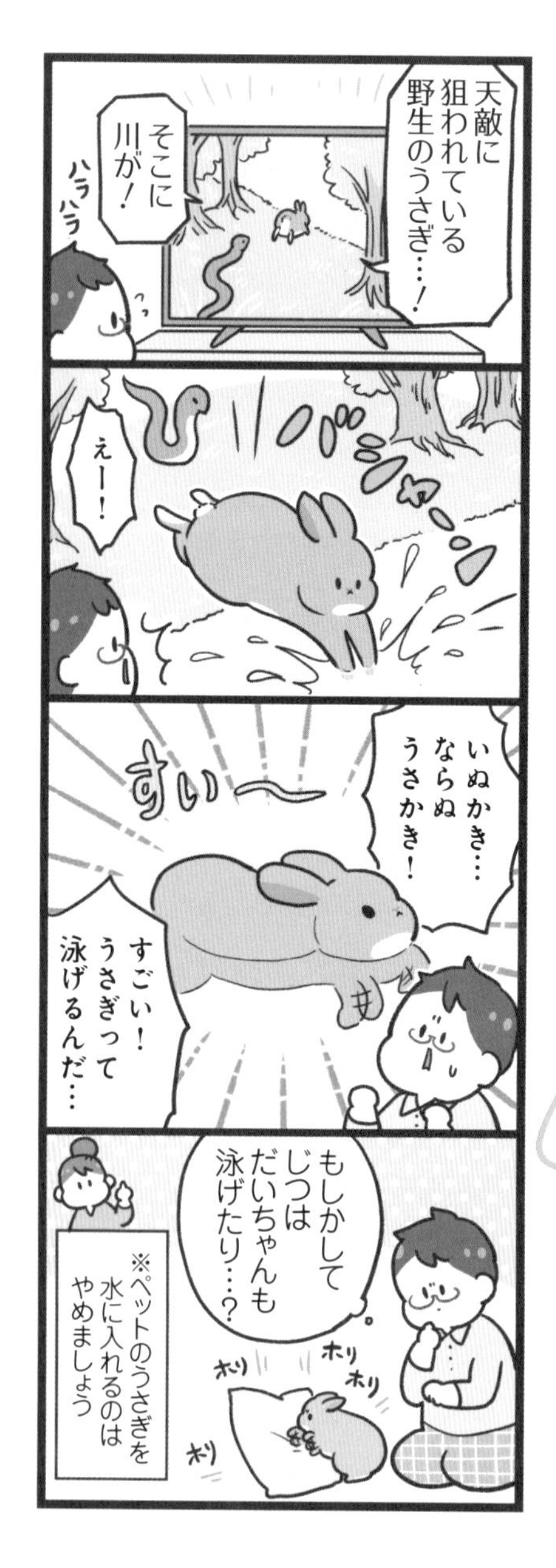


# 82 うさぎは泳げるの？

敵から逃げるために池に飛び込み泳ぐうさぎの姿が確認されています。ですがこれはやむにやまれずの選択。うさぎはふつう**水に濡れることを嫌がりますし、毛皮は乾きにくい**のです。ひどく汚れたとき以外はシャンプーも不要です。

うさぎのほんね

**泳げるけど、別に泳ぎたくはないからね！**

母乳ってね、母親のもってる免疫物質が入ってて子を病気から守ってくれるんだって
免疫
へ〜〜！
ユミ宅
そういえばうさぎはね、自分の腸内細菌を子に引き継がせるために自分の糞をあげるらしいよ
腸内細菌
もちろん母乳もあげるけど
健やかになりますように！
親、いろんなところにプレゼント仕込んでるのね
生き物ってよくできてる〜〜！

# 83 赤ちゃんはお母さんのウンチを食べちゃう？

盲腸糞（P.101）を作るためにはバクテリアが必要です。**赤ちゃんは母親の糞を食べることでバクテリアを獲得する**といいます。母親は1日1回しか授乳しに行きませんが、子どもが眠る巣穴の中に自分の糞を置いていくそう。お弁当みたいですね。

うさぎのほんね

**腸内細菌を受けとるために食べるよ**

# 有名な数列とうさぎの関係

フィボナッチ数列という有名な数列があります。2つ前と1つ前の数を足し合わせる数列で、1+1=2、1+2=3、2+3=5、という具合に「1,1,2,3,5,8,13,21……」と続きます。ふしぎなことにこれは自然界に広く見られる数列。何を隠そう、数学者フィボナッチは繁殖力の強いうさぎがどんどん増えていく様子を見てこの数列を発見したのです。

うさぎのペアがおとなになって子どもを産むと、ペアが増える。子のペアがおとなになると、また子どもを産む。親のペアもさらに子どもを産む。すると1ペア、2ペア、3ペア、5ペアと増えていきます。この数列は樹木の枝分かれや気管支の枝分かれ、花びらの枚数やヒマワリの種の列数などにも当てはまるそう。自然界を表すふしぎな数列なのです！

# 5章

# キミの幸せがボクの幸せ

# 84 うさぎの飼育には広いスペースが必要？

## うさぎのほんね

## 野生うさぎは草を求めて広い範囲を移動する必要があるけど、ペットは運動できるスペースがあればOKだよ

野生うさぎの行動圏は巣穴から200m前後の範囲。**面積にすると最大で3ヘクタール、25mプール約100個分**といいます。だからといってペットのうさぎにも同じだけの面積が必要というわけではありません。野生で広い面積が必要なのは食料のため。一度草を食べたらつぎが生えてくるまで時間がかかるので、ある程度の面積が必要なのです。ペットのうさぎは飼い主さんが草を用意するのでこんなにスペースがなくても大丈夫です。

ただし**ケージはなるべく広いものを用意しましょう**。中で跳びはねられなかったり耳が天井についたりする狭さでは、骨の異常や足底皮膚炎（そくていひふえん）を起こしやすいのです。ケージの網をかじる、過剰グルーミングなどの問題行動を引き起こす原因にもなります。

イギリスのうさぎ福祉協会では1.8m×60cm×高さ60cm以上のケージを推奨しています。日本の住宅事情ではなかなか難しいかもしれませんが、できるだけ広いものを用意してあげたいですね。

# 85 うさぎにはなんで肉球がないの？

メグ、マロンを迎えたばかりのころ

初めての部屋んぽ！

マロくんどうぞ！

怖くないよ〜 出ておいで〜

上陸！

つる〜んっ

あらっ

ごめん！こんなに滑っちゃうんだ……！

カーペット買おうね

つるっ

つるっ

うさぎのほんね

# もともとは肉球があったけど退化した？ 足裏が毛でおおわれているのは祖先が砂漠で暮らしていた証拠かも

足裏が毛でおおわれているのは砂漠で暮らす動物の特徴です。フェネックギツネやドワーフハムスターの足裏は毛でおおわれています。これは砂の上を歩くのに適した形。毛でおおわれているほうが砂の上では滑りにくいのです。また毛があるのは昼は暑く夜は寒い砂漠環境への適応でもあります。

いっぽう、アナウサギより原始的なナキウサギは指先に肉球があります。アナウサギでも指先の毛が抜けたときなどは肉球のようなふくらみが見えることがあります。なかには常時肉球が見える品種もいるよう。

推測するに、おそらくアナウサギの祖先には肉球があったのでしょう。それが砂漠をすみかにすることによって毛でおおわれるという変化を遂げた。その後温暖な地域へと生息環境を移しても、砂漠時代に得た体の特徴はそのまま残ったのです。

うさぎがあまり水を飲まないことも、砂漠環境への適応と考えられます。こんなところから進化の道すじが垣間見えることがあるのですね。

# 86 うさぎも夢を見たりする？

すやぁ…

モグ…

モグ
モグ
モグ

きなこ、寝ながらモグモグしてる
夢で何か食べてるのかな？

モグ モグ モグ

横におやつ置いとくか

夢に登場するかな？

モグ
モグ
モグ

## うさぎのほんね

# レム睡眠時には夢を見ているみたい。口がモグモグしたり、足がピクピク動いているのは夢を見ているせいかも？

人間はレム睡眠とノンレム睡眠をくり返します。そして浅い睡眠であるレム睡眠時に夢を多く見ています。うさぎが夢を見ているかどうかはうさぎに聞いてみないとわかりませんが、うさぎもレム睡眠とノンレム睡眠をくり返すことから、レム睡眠時はおそらく夢を見ているのだろうと推測されます。

睡眠には学習を定着させる効果があり、**ラットも覚えたことを夢の中で復習している**といわれます。脳の海馬には場所を覚えるための「場所細胞」がありますが、ラットが実際に迷路を脱出したときと、その後睡眠をとったときで場所細胞がまったく同じように活性化したという研究結果があるのです。夢の中でも迷路のルートをたどっていたのでしょうね。

ほかに、実験で猫の体をレム睡眠中にも動くようにすると、頭をもたげて何かを見るようなしぐさをしたり、背中を丸めて獲物にそっと忍び寄るようなしぐさを見せたというデータも。うさぎがどんな夢を見ているのか聞いてみたいですね。

モグ
モグ
モグ
モグ
モグ

# 87 コロコロウンチ、いつでもどこでも出すのはなぜ？

最近撮ったかわいいこちゃん見せあお！
いいね
バーン
かわいい
シンクロうたっち
ウンチ
ババーン
かわいい
マロぱちくん
ウンチ
かわいい…
かわいいよぉ…
いつだってウンチを空気にできる それがうさ飼いである

うさぎはいつでも自然に硬糞を出します。なかには寝ながらポロリポロリと硬糞を出すうさぎもいて笑えます。**力まずに排便できるのは被捕食動物にとって必須。**排便中じっとふんばっていなきゃならないなんて、敵に絶好の機会を与えているようなものです。

また**うさぎの胃腸はつねに動いているのが正常。**低カロリーの植物からエネルギーを得るためにうさぎはたくさん食べ、休まず消化します。ですから糞もつぎつぎ作られます。健康なうさぎは1日に150個くらいの硬糞を出すといいます。うさぎにとって糞が出ないのは胃腸の働きがストップしている状態で、命の危険を意味します。

糞が丸い形なのは長い腸を通過するあいだに水分がほとんど吸収され、残った食物繊維が腸の蠕動(ぜんどう)運動で丸まるから。ヤギやシカ、キリンも似たような糞をします。うさぎの硬糞は直径5㎜くらいですが、大きなキリンでも直径15㎜くらい。その代わり一度にたくさん出します。

**うさぎのほんね**

**つねに胃腸が動いて糞を作っているし力まずに排便できるからポロポロ出ちゃう。逆に、糞が出ないのは病気だよ**

# 88 コロコロウンチは汚く感じない。なぜだろう？

硬糞は繊維質のかたまりで水分をほとんど含まず触っても汚れがつかないほど。汚れがつくような糞は病気です。においもほぼしませんが、なわばり意識の強いうさぎは肛門腺の分泌物を糞につけてばらまくことがあり、その場合はにおいます。

うさぎのほんね

**正常な硬糞は乾燥していてほぼにおいもしないんだ**

うーちゃん BLOG
ついに…
10歳になりました！
わ〜、うーちゃん10歳になったんだ！
10
「おめでとうございます」
…っと
いいなぁ〜10歳かあ…
カタ
カタ
カタ
うちの子たちも長生きしてほしいなぁ

# 89 カイウサギの寿命はどれくらい？

10歳くらいまで生きるカイウサギは多いよう。野生うさぎは2歳で長寿ですから5倍以上ですね。**世界記録では18歳と10か月**生きたうさぎがいます。ただしジャイアントうさぎは短く4〜6年。犬でも大型犬は寿命が短いことが知られています。

うさぎのほんね

**品種によっても異なるけど10〜12歳くらい**

# 90 うさぎには横から近づいたほうがいいの？

うさぎの目は顔の側面についているので、確認しやすいのは横方向です。顔の正面も見えますが横方向より視界がぼやけます。人間も視界の中心ははっきり見えますが端はぼんやりしますよね。また、鼻先はマズルで隠れるため死角になります（P.49）。つまり**うさぎは正面を見るのが苦手**なのです。初対面のうさぎには横から近づきましょう。

またうさぎは**顔を上に向けなくても上方が見えている**ので、うさぎの上に手をかざしてから頭などをなでるのも◎。初対面の犬をこのようになでるのはNGとされていますが、うさぎは真逆。肉食動物と草食動物のちがいですね。

うさぎがなでられて気持ちのいい場所は首の後ろや目のあいだ、耳、頬、背中など。脚やおなか、おしり、しっぽは嫌がりやすい場所です。ただしこれは慣れないうさぎの場合。毎日接している飼い主さんなら正面から近づいても警戒は少ないでしょうし、健康チェックのためにおなかや脚を触ることも必要です。

### うさぎのほんね

**なじみのない人はただでさえ警戒しがち。初対面の人はうさぎの横から近づいてね。正面より横のほうが確認しやすいんだ**

# 91 うさぎの骨は弱い？

今度は抱っこしてみたい！

わあ〜!!

座って
おしりをしっかり持ってあげてね

うさぎは骨が弱いから
もし高いところから落ちたら骨が折れちゃうかもしれないの

だから抱っこしてるときは立たないようにね

そうなんだ
いっぱいジャンプして強そうなのに

イメ〜ジ

ばい〜ん

ばい〜ん

そのイメージわかるなぁ

意外だよね

体重に対する骨の割合は、人間が18%、犬は14%、猫が13%、うさぎは8%。これはスズメと同じくらいの割合です。鳥の骨が中空で軽いのは空を飛ぶためといわれますが、同じようにうさぎも敵から逃げるために骨が軽くなっているのではないかといわれます。そのため骨折しやすく、自らの力強いキックで骨折しまうことも。落下や事故には十分気をつけたいものです。

骨の話をもう少し。うさぎのしっぽは15〜18個の椎骨（ついこつ）でできています。短いのに意外と多くの骨でできているのですね。また耳は軟骨と筋肉でできており骨はありません。骨格標本だけ見ると特徴的な長い耳がないので何の動物かわからない感じです。

多くの動物にはペニスに骨（陰茎骨）があり、交尾の助けをしています。犬にも猫にもチンパンジーにもありますが、人間とうさぎには陰茎骨がありません。理由ははっきりしませんが、交尾時間が短い動物には陰茎骨がないという説が。意外な共通点ですね。

## うさぎのほんね

**骨量が少なく骨が薄くて軽いからちょっとしたことで骨折しやすい。空を飛ぶ鳥と同じくらいしかないんだ**

# 92 うさ耳のツボ押し、気持ちいいの？

人間の耳や足裏には全身の反射区（ツボ）があるといわれています。**うさぎにも同様のツボがありますが**、足裏は嫌がるので耳ツボがおすすめ。多くの血管が通っているうさぎの耳ツボは健康効果の期待大です。様子を見ながら優しく押してみて。

うさぎのほんね

**耳ツボ押しには健康効果が期待できるよ**

# 93 ブラッシングはやっぱり必要？

うさぎは**吐くことが難しい胃腸のつくり**をしています。毛づくろいで飲み込んだ毛を猫のように吐くことができないので、飲み込む量が多いと胃腸で毛がかたまりになる毛球症になる恐れが。とくに換毛期はブラッシングで抜け毛を減らしてあげましょう。

うさぎのほんね

**ブラッシングしないと毛球症になっちゃうかも**

# 94 多頭飼いで仲良くさせる必勝法はある？

相性が悪いとうさぎどうしがケンカしてしまい、うさぎも飼い主さんもストレスになる多頭飼い。リスクを考えると躊躇してしまう人も多いでしょう。海外では片方のうさぎのオシッコをもう片方の額につけるという方法が紹介されています。子うさぎを別の母親に育てさせたいときは、その母親のオシッコを子うさぎにつけるといいといわれていますが（P.153）、基本的にはそれと同じ。自分のにおいが相手からすることで仲間と認識するのでしょう。実験ではこの方法で172組のうち92％が多頭飼いに成功したそう。もちろんじょじょに引き合わせるなどほかの対策も施したうえの数字です。

またわざとストレスをかけることでうさぎどうしの結束を強める「ストレスボンディング」という荒療治も紹介されています。いっしょに車に乗せたり、ケージ横でうるさく掃除機をかけたり。「争ってる場合じゃない」という気持ちにさせるのでしょうか。いずれも専門知識をもって行わないとよい結果は得られませんが、ご紹介まで。

うさぎのほんね

**100％保証はできないけど、海外ではうさぎのオシッコを使った方法や、わざとストレスをかける方法が紹介されてるよ**

ドキ ドキ

# 95 うさぎが無表情で体調不良に気づきにくいです

ぷぃ…
ポリ
ポリ
ポリ
ポリ
ポリ
フンフン
あれ、きなこ食べないの？
大好きなおやつなのに…
どうしたんだろう
動物病院
きなこさーん中へどうぞ〜
今日はどうしましたか？
あら
ちょっと具合が悪そうですね
胃腸かな？
お願いします!!
さすが…！

動物は皆そうですが、**具合が悪くてもそれを隠そうとします。**弱みを見せると敵に狙われやすいからです。被捕食動物であるうさぎはとくにその本能が強いでしょう。ですから見抜けなくて当然ともいえますが、愛するうさぎの不調を見逃したくはないですよね。

痛みを感じているときのうさぎの顔には以下のような変化が見られます。目を細める、鼻の形がUでなくVになる、耳の両端が巻いて円筒状になり後ろに倒れる、頬がこける、ヒゲが前を向くまたは頬にそって後ろを向く、など。これらはよく注意しないと気づかないこともしばしば。

猫も無表情といわれますが、ほんのささいな変化から感情を見抜く**「キャットウィスパラー」と呼ばれる人たちが13％いる**ことがわかっています。AIで分析してやっとわかる微妙な変化を肉眼で見分ける人たちです。キャットウィスパラーは若い女性や動物医療従事者に多いそう。愛するうさぎを守るために「ラビットウィスパラー」を目指したいものですね。

**痛いとき**

### うさぎのほんね

## うさぎは不調を隠すもの。だけどよく見ると微妙に表情がちがうよ。小さなサインを見逃さないでね

# 96 あげちゃいけない野菜はある？

ネギ類、ホウレン草、アボカド、ジャガイモの芽や皮、落花生などは危険。キャベツやニンジンなどあげていい野菜でも食べ過ぎは不調の原因になるので、1日5g以内に留めて。野菜はあくまで副食。主食の牧草をたくさん与えましょう。

うさぎのほんね

**ネギ類など中毒を起こす野菜があるよ**

# 97 頭をぐいぐい押しつけてきます

P.147で述べたとおり、優位のうさぎは劣位のうさぎの前に頭を差し出して毛づくろいを要求します。ですからもしかしたら**飼い主さんを下に見ているのかも**……？　うさぎは臆病な部分と横柄な部分が混在しているのがおもしろいところですね。

うさぎのほんね

**毛づくろいの要求。だってワタシのほうが上だもん！**

# 98 うさぎを迎えてからなぜか妻への愛が深まってます

ソウスケ出張中
もしもしマコ？
いまホテル戻ったとこ
打ち合わせ無事終わった？
うん、うまくいったよ
きなちゃんだいちゃん〜
フン
フン
フン
フン
明日夕方には帰るからね
じゃあね〜
ピッ
シン…
20:30
XX月XX日X曜日
早く帰りたいなぁ…

うさぎのほんね

## うさぎといっしょに見ているとパートナーへの愛情がアップするという実験結果があるんだ!

**配偶者の画像と子犬やうさぎの画像をいっしょに見ると、配偶者への愛情が深まる**という驚きの実験結果があります。兵役で離ればなれになる夫婦の結婚生活を支援する研究としてアメリカで行われた実験です。

実験では人を2グループに分け、片方にはかわいい子犬やうさぎと配偶者の画像を、もう片方には無生物（シャツのボタンなど）と配偶者の画像を見せました。雑多な画像のなかにこの2種類が含まれ、パソコン上につぎつぎ現れるしくみです。被験者には実験主旨を伝えず、ある画像が出てきたときにキーを叩くテストと伝えました（つまり被験者は配偶者等の画像を無意識に見ています）。

結果、前者のグループでは**配偶者への愛情が増え、結婚生活の質が向上した**そう。これはポジティブな刺激（愛らしい小動物）がもたらした効果と考えられます。写真でさえこうなのですから、実際にうさぎを飼っている家庭ではさらに大きな効果が得られるのではないでしょうか。うさぎのかわいいパワー、恐るべし。

# 99 うさぎの飼い主はのんびりやが多いの？

うさぎのほんね

## 飼い主本人の自己評価ではクリエイティブ、のんびりや、おっちょこちょいなど。当たってる？

イギリスのペット保険会社の調査によると、うさぎの飼い主による自分自身の性格は「**クリエイティブ**」（56％）、「**のんびりや**」（31％）、「**おっちょこちょい**」（16％）、「**一匹狼**」（13％）、「**オタク**」（13％）だそうです。

またアメリカで犬、猫、うさぎ、フェレット、馬、ハリネズミの飼い主1500人以上を調査したところ、**うさぎの飼い主がもっともひとり時間を好む**という結果に。知性や協調性が高いという結果も出ました。

人は自分と見た目や性格が近いペットを好むといわれます。さらにいっしょに過ごすうちにますます似てくる傾向があるそう。ふだんは鳴かないうさぎですから、飼い主さんもおそらくもの静かな人が多いのではないでしょうか。うさぎを驚かせないように大きな音をたてず、優しく見守る様子が目に浮かびます。

ちなみに犬では、ショートカットの人は立ち耳の犬を、ロングヘアの人は垂れ耳の犬を好むというデータも。垂れ耳うさぎの飼い主さんはロングヘアが多いでしょうか？

すやァ…

# 100 うさぎといると幸せ。うさぎも幸せを感じてる？

20世紀末、アメリカで高脂肪食が心臓に与える悪影響の研究がありました。実験動物はうさぎです。ですが結果はふしぎなものでした。全員に同じ高脂肪食を与えているのに、ある一群だけ健康状態がよいのです。調べてみるとその一群はある学生が世話を担当したうさぎたちでした。担当者のなかでその学生だけはうさぎをなで、話しかけ、遊んでいたのです。つまり**愛情をもって接していたうさぎは健康だった**のです。当時はまだ愛情や優しさが身体によい影響を与えるデータはなく、この研究結果は画期的なものでした。この話は最近も『THE RABBIT EFFECT』という本になって注目されています。

親しい者どうしがいっしょにいると幸せホルモン・オキシトシンが分泌されて不安を和らげます。**精神の健康は、身体の健康にもっとも強い影響を与えるのかもしれません。**あなたがうさぎに愛情をもって接するとき、うさぎもきっと幸せを感じてくれています。実験の結果がそれを物語っています。

### うさぎのほんね

**愛情をもってお世話されたうさぎは健康になるという実験結果がある。心が健康だと体も健康になるんだ！**

**マンガ・イラスト 倉田けい**（くらた けい）
書籍や広告のイラスト・マンガを中心に活動するイラストレーター。うさぎ好き。
著書に『365日アカチャン満喫生活』（KADOKAWA）、
担当した書籍に『赤ちゃんと一緒に楽しむあそびアイデアBOOK』（朝日新聞出版）。
website　https://kuratakei.com/
Twitter @kurata_kei　Instagram @kurata_kei

**監修 今泉忠明**（いまいずみ ただあき）
哺乳動物学者。日本動物科学研究所所長。
『ざんねんないきもの事典』シリーズ（高橋書店）、
『わけあって絶滅しました。』シリーズ（ダイヤモンド社）、
『幸せなハムスターの育て方』（大泉書店）、
『イヌ・ネコ・ペット（学研の図鑑LIVE）』（学研プラス）、
『うさぎがおしえるうさぎの本音』（朝日新聞出版）など著書・監修書多数。

**編集・執筆 富田園子**（とみた そのこ）
動物好きのライター、編集者。日本動物科学研究所会員。
担当した書籍に『ねこほん』『いぬほん』『とりほん』（ともに西東社）、
『幸せなハムスターの育て方』（大泉書店）など。

ブックデザイン　あんバターオフィス
DTP　ZEST

**うさほん**
**うさぎのほんねがわかる本**

2021年10月5日発行　第1版
2024年11月15日発行　第1版　第4刷

監修者　今泉忠明
著　者　倉田けい
発行者　若松和紀
発行所　株式会社 西東社
〒113-0034　東京都文京区湯島2-3-13
https://www.seitosha.co.jp/
電話　03-5800-3120（代）



ISBN 978-4-7916-3053-0